DeepSeek玩转中小学人工智能

张东 编著

内容提要

"本书聚焦中小学教育场景，深度融合 DeepSeek、智谱清言、豆包、即梦 AI 等前沿 AI 技术，紧扣新课标要求，为家长、教师提供一站式解决方案。通过 "AI＋人脑"双引擎模式，破解语文写作空洞、数学解题困难、英语单词记忆低效等痛点，更以苏格拉底式对话重塑思维基因，激活孩子的创造力与批判性思维。

本书揭秘教育焦虑本质，提出 AI 时代的高效学习法："AI＋刻意练习＋费曼学习法"，涵盖写作、阅读、记忆、数学、核心素养、新课标改革六大核心领域，更提供跨学科训练、第一性原理、批判性思维等前沿策略。让 AI 真正成为孩子、家长、老师的智能伙伴。

本书直击传统教育方式中"机械背诵""题海战术"的缺陷，系统构建未来 AI 人才必备的"5大创造力基因"和"18项黄金技能"。无论是家长破解辅导困境，还是教师应对新课标挑战，本书都将成为教育革新的行动指南，引领孩子在 AI 时代培养核心竞争力！

图书在版编目（CIP）数据

DeepSeek玩转中小学人工智能/张东编著. -- 北京：中国水利水电出版社, 2025.4. -- ISBN 978-7-5226-3363-3

Ⅰ. TP18-49

中国国家版本馆CIP数据核字第2025CW9623号

书　　名	DeepSeek 玩转中小学人工智能 DeepSeek WANZHUAN ZHONG-XIAOXUE RENGONG ZHINENG
作　　者	张东　编著
出版发行	中国水利水电出版社 （北京市海淀区玉渊潭南路1号D座 100038） 网址：www.waterpub.com.cn E-mail：zhiboshangshu@163.com 电话：（010）62572966-2205/2266/2201（营销中心）
经　　售	北京科水图书销售有限公司 电话：（010）68545874、63202643 全国各地新华书店和相关出版物销售网点
排　　版	北京智博尚书文化传媒有限公司
印　　刷	河北文福旺印刷有限公司
规　　格	170mm×240mm　16开本　12印张　193千字
版　　次	2025年4月第1版　2025年4月第1次印刷
印　　数	0001—8000册
定　　价	59.80元

凡购买我社图书，如有缺页、倒页、脱页的，本社营销中心负责调换

版权所有·侵权必究

从"感知智能"到"认知智能"是人工智能（AI）发展史上的重大事件，它标志着 AI 能力的质变，预示着人机交互方式、应用范围及深度等的根本性变革。在这一波浪潮中，以 DeepSeek、ChatGLM、Kimi 等为代表的国产大模型在这一波浪潮中表现得极其亮眼，在当前大的背景环境下显得尤为令人振奋和欣喜，让我们看到了"第四次科技革命"中"中国力量"在"AI 主权"和"AI 霸权"中的"硬实力"。

伟大的时刻呼唤能够成就伟大时代的人群,因此培养能够理解、运用、改进、研究、突破……当前 AI 技术的人才就变得尤为重要。在一些场景中，人们寻求的是在使用过程中"模型变得越来越智能"。与在这些场景中不同，在教育场景中，人们寻求的是在使用过程中"使用模型的人变得越来越智能"。这就对使用大模型作为教育的工具、手段、方法、基座……提出了更高的要求。

令我们无比欣喜的是，随着 DeepSeek 等 AI 工具"破圈"，并逐步走进了中小学课堂，一场由 AI 大模型带来的个性化学习、教育公平性演变……革命在逐渐向我们走来。恰逢其时，本书中的实践让我眼前一亮，很好地回答了如何让新一代的学生与新一代的 AI 共同成长。

更令我欣慰的是书中对亲子关系的重构：家长从"作业监督者"转变为"探索同行者"。在辅导孩子使用 AI 工具时，家长不再是焦虑的"监工"，而是与孩子共同筛选素材、批判思考的伙伴。这种角色蜕变正是教育回归"生命对话"的生动体现。"知识传授"与"人格养成"原本就应统一，而本书中的案例同样证明：当技术工具成为沟通的桥梁时，教育便能超越分数的桎梏，在情感共鸣中培育出既有科技素养又具人文情怀的未来人才。

面对技术浪潮，教育工作者的角色从"知识权威专家"转向"思维启迪者"。书中提到的"AI + 刻意练习 + 费曼学习法"体系，正是我一贯向教育工作者和学生们强调的"独立思考"与"终身学习力"。当 DeepSeek 辅助学生拆解数学问题链时，当 AI 工具承担基础训练任务时，教师得以聚焦情感交流与批判性思维引导。这种转变，正是我所倡导的"教师应成为精神导师"理念的现代诠释。

教育的终极目标，从来不是让孩子成为"技术的奴隶"，而是要培养既有科技素养又具人文情怀的"未来主人"。本书不仅关注当下的学习效率提升，更着眼于未来人才的核心竞争力。在 AI 辅助下培养的"自主解题能力"，实则是应对不确定性的终身学习力。而通过技术实践培育的"数据安全意识"与"伦理判断力"，正是数字公民的必备素养。这些思考与我提出的"人文情怀、科学精神、专业素养、全球视野"十六字方针高度契合。

我始终相信，真正的教育变革不在技术本身，而在于如何用技术守护教育的温度。本书的价值，在于它既展现了 DeepSeek 的技术魅力，又坚守了教育的人文内核。它告诉我们：当 AI 成为教育的"数字伙伴"时，真正的挑战不在于技术应用，而在于能否在效率与温度、创新与传承、工具理性与价值理性之间，找到那个平衡的支点。唯有如此，教育方能在技术浪潮中始终锚定航向，培养出既有科技头脑又具温暖心灵的"完整的人"。

——邵洲，清华大学博士后，北京智谱清言 CEO

各位家长和老师朋友们,你们是不是觉得辅导孩子学习就像在挑战一场充满惊喜和挑战的奇幻冒险呢？当孩子在学习上遇到困难或表现不佳时,家长往往会感到焦虑,不自觉地提高音量,情绪变得容易激动。我太有同感了,而且我有双倍的体会,因为我家有两个孩子。以前我也跟你们一样。

辅导孩子学习确实是一项充满挑战的任务,但今天我想和大家分享一个可能对大家有帮助的工具。DeepSeek 是一款智能助手,它来自深度求索人工智能基础技术研究有限公司。这款产品在多个领域都展现出了不错的潜力,尤其是在教育领域。

许多家庭在使用 DeepSeek 后发现,它能够帮助孩子提高学习效率,让学习过程变得更加轻松和高效。当孩子们的学习体验得到改善时,家庭氛围往往也会变得更加和谐。当然,每个孩子的情况都是独特的,DeepSeek 可以作为一个有力的辅助工具,帮助我们更好地支持孩子的学习旅程。

过去,我和孩子见面时常常因意见不合而争执。每次见面,我的第一句话总是"作业写完了吗？"这样的提问难免让人感到厌烦,就像你刚回到家,孩子劈头就问"今天工作完成了吗？"想必你也会觉得心情不爽。然而,如今情况完全不同了。AI 的出现让我们的关系焕然一新。现在,我和孩子见面时聊得最多的,是"今天又解锁了什么 AI 新技能"。这种交流让我们成为可以畅所欲言的亲密伙伴,也让生活变得美好起来。对我们家长和老师来说,这无疑是充满希望的新起点。

教育的本质应是家长、老师与孩子携手共进,共同面对挑战、实现成长,如同组队"打怪升级"。在这个过程中,家长和老师本应成为孩子坚实的后盾,如同游戏中的强力辅助,为孩子提供持续的支持。然而,现实中,许多家长和老师却常常因情绪失控,反而成为孩子需要应对的"大 Boss"。

孩子在学校已承受考试与竞争的双重压力,回家后又不得不面对家长的过度焦虑情绪。在这种环境下,孩子又怎能安心学习呢?

因此,本书旨在实现以下两个目标。

其一,指导家长和老师如何运用 DeepSeek 辅导孩子学习,让孩子在学习中感受到快乐,也让家长和老师收获愉悦。通过科学的方法和工具,助力家长和老师从紧盯作业的"警察"角色,转型为与孩子共同探索的"学习伙伴",将以往的"鸡飞狗跳"转变为"母慈子孝",从而提升孩子的学习效率和效果。

其二,帮助孩子合理利用 DeepSeek,提升学习效率,激发思维活力,从被动完成作业的"机器",转变为富有创意的"小能手"。

本书致力于同时辅助家长和老师"教",以及孩子"学",既关注当下的考试升学需求,又着眼未来趋势;既点燃希望,又打消顾虑;既启发家庭教育的深度思考,又强调落地实施。这就像为家长和孩子精心筹备的一场"高科技营养盛宴",内容丰富、营养均衡,既有主食、蔬菜、肉蛋奶,又有各类维生素,旨在让家长和孩子在教与学的道路上能量满满,一路向前。

本书就像一张精心设计的藏宝图,分为 9 个宝藏点,也就是 9 章

- ▶ **第 1 章,我和两个孩子的 DeepSeek 故事**。通过讲述我与两个孩子之间使用 DeepSeek 等 AI 工具共同学习的经历,向大家展现 DeepSeek 完全可以为孩子从小学一年级到中学的学习、生活带来全面的助力。

- ▶ **第 2 章,DeepSeek 辅助写作算不算作弊**。以孩子用 AI 辅助写作为例,首先打消大家让孩子使用 AI 工具的顾虑,主动回应 AI 诚信问题。通过为大家定制一套融合监督、引导为一体的让孩子正确使用 AI 工具的方法论,让大家再无后顾之忧。

- ▶ **第 3、4 章,DeepSeek 提升语文、英语写作能力及阅读理解能力**。专门针对孩子在语文和英语学习中的两大痛点——写作与阅读理解,为大家提供系统的 DeepSeek 助力方法。同时,还使用豆包、即梦 AI 等其他主流 AI 工具作为 DeepSeek 的补充工具,为孩子提供更加丰富多样的学习素材和学习方法。力求帮孩子解决"为什么学""如何让学习更有趣"两个问题。从而从根本上提升孩子的学习动力和学习兴趣。

- ▶ **第 5 章,DeepSeek 提升语文背诵、英语记单词效率**。专门针对孩子的语文背诵和单词记忆痛点,提供整套系统的记忆方式,充分发挥 AI 在帮孩子构筑记忆宫殿及形成

联想记忆、交叉记忆等方面的作用。例如，为现代文、古诗词、英文单词配图文、配视频；再如，与数字人智能体进行"穿越时空的对话"等。

▶ **第 6 章，DeepSeek 提升数学解题能力。** 专门针对同时难倒家长和孩子的数学学科学习痛点，为大家提供系统的 DeepSeek 助力方案。但是，绝不仅仅是让 DeepSeek "替"孩子答题这么简单。而是想方设法利用 DeepSeek 引导孩子自主解题。例如，引导孩子将大问题分解为小问题，然后各个击破；再如，教家长和老师们用 DeepSeek 对孩子的漏洞追根溯源。

▶ **第 7 章，DeepSeek + 刻意练习 + 费曼学习法：AI 时代的高效学习法。** 综合前 6 章的 DeepSeek 助力方法，上升到如何培养孩子终身学习力层面。先用 DeepSeek + 刻意练习的助力方法，让孩子树立自信——未来没有什么知识和技能是学不会的。再用 DeepSeek + 费曼学习法，把好孩子学习的最后一关，让家长、老师及孩子自身对自己的学习树立正确的元认知。

▶ **第 8、9 章，紧跟新课标：用 DeepSeek 轻松跨学科学习和培养中小学生的核心素养。** 聚焦时下热门的中高考教育改革及新课标内容解析，为家长、孩子构筑从小学到中学完整的培养目标和培养路线。做到有的放矢、未雨绸缪，让家长和孩子把有限的、宝贵的精力，聚焦到符合新课标和未来中高考教育改革趋势的路线上，少走弯路。

本书的每章都精准定位在孩子数学、语文、英语学习和核心素养培养的痛点上。利用长期一线教学过程中整理的 DeepSeek 辅助教学法，为家长与老师教、孩子学，都提供全面且系统的助力。

在本书中，我用多年与孩子们共同学习的一线经历，分享了 DeepSeek 这类 AI 工具如何在成为孩子们的学习加速器的同时，让我和孩子们的关系变成"最佳拍档"。本书共同探讨了家长和 DeepSeek 这类 AI 工具在家庭教育这场"大戏"中，到底该扮演怎样的角色，包括如何让孩子学习变得给力，思维变得活跃，同时心理还能健康。根本目的是想方设法地让孩子们在 AI 时代不但不被"甩下车"，还能搭上"火箭飞车"。

AI 时代下，尤其是家长，确实应该为孩子早做打算。一方面，准备好 AI 工具，应对未来的挑战，以不变应万变；另一方面，减少内耗，让孩子的学习不能总是"耗电模式"，也该进入更高效、更节能、更持久的高效学习模式了。

最后，在本书正式开启之前，需要提前声明版权事宜：本书中所有由 AI 生成内容，其著作权由创作者与工具提供方共同享有。

作　者
2025 年 4 月

VIP 答疑助教

读书笔记

第1章 我和两个孩子的DeepSeek故事 ………… 001

1.1 5岁萌娃 + DeepSeek = 神奇绘本：用AI解锁少儿创造力新高度 ……………………………………………… 001
1.1.1 创作初体验 …………………………………………… 001
1.1.2 教育启示 …………………………………………… 005

1.2 DeepSeek小学高年级逆袭实战录 ………………… 006
1.2.1 DeepSeek助力英语单词记忆初体验 ……………… 007
1.2.2 DeepSeek助力数学预习和自主探究学习 ………… 008
1.2.3 DeepSeek可能是把"双刃剑" …………………… 009

第2章 DeepSeek辅助写作算不算作弊 ………… 012

2.1 每次技术进步都会带来新挑战 …………………… 012
2.1.1 科技发展过程中曾多次面临类似的问题 ………… 012
2.1.2 拍照解题软件对于教与学的影响 ………………… 014

2.2 如何应对AI给教与学带来的新挑战 ……………… 015
2.2.1 如何在教与学中合理引入AI技术和工具 ………… 015
2.2.2 必要的监督与共情的引导并用 …………………… 016

第3章 DeepSeek提升语文、英语写作能力 …… 021

3.1 现阶段AI的局限 …………………………………… 021
3.1.1 现阶段AI撰写的文章有明显的"AI味儿" ……… 021
3.1.2 不同大模型有不同的专长 ………………………… 023

3.2 用AI提升语文和英语写作能力 027
  3.2.1 DeepSeek为语文写作提供提纲和素材 027
  3.2.2 DeepSeek + 即梦AI让孩子身临其境 032
  3.2.3 用AI提升英语写作能力 035

第4章 DeepSeek提升语文、英语阅读理解能力 038

4.1 利用AI技术提升语文阅读理解能力的新方法 038
  4.1.1 DeepSeek如何为传统阅读理解方法赋能 038
  4.1.2 DeepSeek + 即梦AI为文章生成分镜画面 044

4.2 DeepSeek提升语文阅读理解能力 047
  4.2.1 DeepSeek辅助孩子审题画批训练 048
  4.2.2 DeepSeek为孩子打造阅读理解专属私教 049

4.3 DeepSeek守护孩子广泛阅读的兴趣 054
  4.3.1 DeepSeek + 即梦AI实现文字版穿越时空的对话 054
  4.3.2 与豆包通话实现语音版穿越时空的对话 057

4.4 DeepSeek提升英语阅读理解能力 057
  4.4.1 DeepSeek提升传统阅读理解训练效率 058
  4.4.2 DeepSeek精准定位孩子的薄弱环节并针对性训练 061

第5章 DeepSeek提升语文背诵、英语记单词效率 064

5.1 DeepSeek助力语文背诵的基础应用 064
  5.1.1 揭秘：背诵中的"错觉" 064
  5.1.2 DeepSeek为语文古诗背诵构筑记忆宫殿 065
  5.1.3 DeepSeek为语文现代文背诵构筑记忆宫殿 070

5.2 DeepSeek助力语文背诵的多样化应用 074
  5.2.1 DeepSeek + 数字人智能体实现"穿越时空的对话" 074
  5.2.2 DeepSeek助力语文背诵之多样化交叉学习 079
  5.2.3 豆包生成音乐助力多样化交叉学习 081
  5.2.4 DeepSeek助力语文背诵之生成思维导图 084
  5.2.5 DeepSeek助力语文背诵之自我测试与及时反馈 089

5.3 AI助力英语单词多模态记忆 091
  5.3.1 智谱清言助力英语单词多模态联想记忆 091

目录

　　5.3.2　DeepSeek助力英语单词听写 ································ 094

第6章　DeepSeek提升数学解题能力 ················ 096

6.1　数学：困扰家长与孩子的共同难题 ························· 096
　　6.1.1　传统数学学习方法的困境 ································ 096
　　6.1.2　学霸秘籍：错题本 ·· 097

6.2　DeepSeek + 错题本：助力追根溯源与查漏补缺 ········· 099
　　6.2.1　梳理错题本用法 ·· 099
　　6.2.2　DeepSeek精准定位漏洞 ·································· 100

6.3　AI面对图形相关数学题时的局限 ··························· 106
　　6.3.1　DeepSeek尝试解析带图的数学题 ······················· 107
　　6.3.2　豆包解析带图的数学题时的表现 ························ 108
　　6.3.3　智谱清言解答带图的数学题时的表现 ·················· 110

6.4　DeepSeek弥补传统错题本的不足 ···························· 113
　　6.4.1　电子错题本与纸质错题本 ································ 113
　　6.4.2　运用DeepSeek自定义个性化电子错题本 ··············· 114

第7章　DeepSeek + 刻意练习 + 费曼学习法： AI时代的高效学习法 ·························· 118

7.1　用刻意练习破解小学高年级的学习挑战 ···················· 118
　　7.1.1　小学高年级的学习挑战 ··································· 118
　　7.1.2　有效的解决办法：刻意练习 ······························ 119

7.2　AI + 刻意练习：扫除学习障碍 ······························· 120
　　7.2.1　DeepSeek + 刻意练习技巧回顾 ·························· 120
　　7.2.2　智谱清言 + 刻意练习突破英语听力 ····················· 127
　　7.2.3　费曼学习法 ··· 131

第8章　紧跟新课标1：用DeepSeek轻松跨学科学习 ·· 134

8.1　中高考改革新趋势与跨学科学习 ···························· 134
　　8.1.1　中高考改革新趋势 ··· 134
　　8.1.2　跨学科题目的特点 ··· 140

IX

　　　　8.1.3　新趋势下如何跨学科学习……………………………………… 142
　8.2　DeepSeek助力数学、语文、英语跨学科学习………… 143
　　　　8.2.1　DeepSeek助力数学跨学科学习…………………………… 143
　　　　8.2.2　DeepSeek助力语文跨学科学习…………………………… 161
　　　　8.2.3　DeepSeek助力英语跨学科学习…………………………… 165

第9章　紧跟新课标2：DeepSeek培养中小学生的核心素养…………………………………………… 167

　9.1　核心素养的概念…………………………………………… 167
　9.2　DeepSeek如何培养中小学生各学科的核心素养……… 168
　　　　9.2.1　DeepSeek培养数学学科的核心素养……………………… 168
　　　　9.2.2　DeepSeek培养语文学科的核心素养……………………… 169
　　　　9.2.3　DeepSeek培养英语学科的核心素养……………………… 170
　　　　9.2.4　DeepSeek培养小学生科学的核心素养…………………… 172
　　　　9.2.5　DeepSeek培养物理、化学、生物三科的核心素养………… 174
　9.3　理科生也要学历史………………………………………… 179

第 1 章　我和两个孩子的 DeepSeek 故事

1.1　5 岁萌娃 + DeepSeek = 神奇绘本：用 AI 解锁少儿创造力新高度

又一个难熬的中午，因为我的女儿从来不睡午觉，精力总是很旺盛。但是，她不愿意自己玩儿，因为她会感觉很孤单。于是，她就可怜兮兮地缠着我给她讲绘本故事。可是，家里的书，我都已经给她讲遍了，有的甚至给她重复讲了四五遍。于是，我想让她体验一些新的东西。AI！对！就是 AI！

在众多对话生成式 AI 工具中，我首选 DeepSeek，因为它有取之不尽，用之不竭的新创意。DeepSeek 有无限的随机性，就像抽盲盒。而孩子，最喜欢随机性和新创意，DeepSeek 简直是孩子最完美的玩具。

可是，用 DeepSeek 干什么呢？既然家里缺绘本了，干脆，让我女儿自己试试写绘本！我对女儿说："让我们一起写一个新故事绘本吧？"她惊讶地瞪大了双眼，发出一声长长的惊叹："啊~？"

1.1.1　创作初体验

毕竟是第一次尝试，我们选择最简单的方式。由我女儿来编故事，然后请 DeepSeek 帮她润色扩写成提示词。接着，我把提示词复制给即梦 AI，生成绘本图片。决定选择即梦 AI 工具，因为它是字节跳动推出的专门的 AI 创作工具，支持文生图等功能。以下是具体操作步骤。

首先，我对手机里的 DeepSeek 说：

> "你是一名 AI 绘画专家，擅长编写 AI 文生图提示词。接下来请你帮我和我的女儿绘制绘本故事。你需要将我女儿说的简单描述，转为'场景+角色+动作+细节'模式的 AI 生图提示词。"

然后，我把手机朝向女儿，对她说："现在轮到你了，说出你想画什么吧。"

我女儿对着手机屏幕，半信半疑地说出了第一句话：

> "一只小熊，告别了妈妈，出门去爬山。"

从她说出这句话时断断续续的语速，能明显感觉到她有着疑惑和不自信的感觉。

DeepSeek 果然不负众望，很快将我女儿说出的简短画面信息，按照我规定的模板格式，整理成了更精细的 AI 文生图提示词：

场景：晨雾弥漫的雪山脚下，粉蓝色天空飘着棉花糖云朵，松树枝头垂挂冰凌，蜿蜒小径铺满糖霜般的积雪。

角色：毛茸茸的蜜糖棕色小熊（身高约 60 cm），背着碎花布质小书包，脖系红色羊毛围巾。

动作：站立在木质篱笆门前挥动右爪告别，熊妈妈在树洞门口擦拭眼角，小熊左爪紧握橡果挂坠。

细节：晨光穿透云层形成丁达尔效应，积雪折射彩虹光斑，书包侧面插着风干的蒲公英，雪地留下串串梅花状脚印，宫崎骏动画电影质感。

我似乎比我女儿更迫不及待地希望看到绘本第一幕的效果。于是我迅速将生成的提示词复制到即梦 AI 中，请即梦 AI 帮我生成绘本图片。操作步骤如下：

（1）打开即梦 AI，点击底部中间的"想象"图标。

（2）在"想象"界面底部的输入框中粘贴之前由 DeepSeek 润色扩写后的文生图提示词。

（3）点击"生成"按钮。

第 1 章 我和两个孩子的 DeepSeek 故事

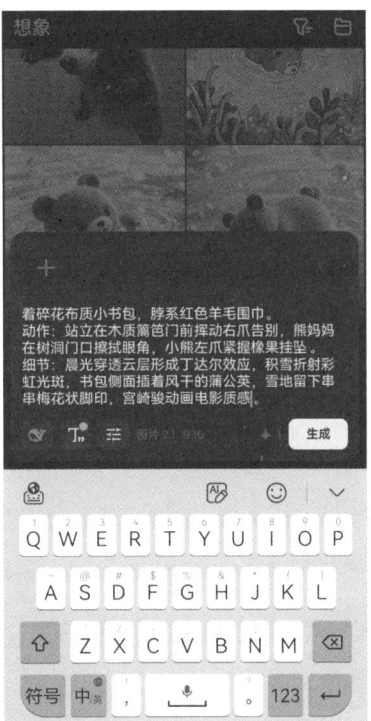

然后就是等待。不一会儿,即梦 AI 就生成了我女儿描述的绘本故事第一页!

当图片生成的一刹那,我女儿惊呆了:"喔!这也太酷了吧!"我不知道这个 5 岁孩子跟谁学的词。

于是,尝到甜头的她再也抑制不住自己继续创作的欲望。新的剧情滔滔不绝,从她的小脑袋瓜里涌现出来。她明显更自信,剧情也更离奇:

"小熊爬着爬着,突然想爬雪山。"

"终于小熊爬到了山顶。突然,脚下一滑,就从山坡上滑下来。滑到了小河里。"

"小熊不会游泳,开始往下沉。"

"河里游来一条小海豚。把小熊救出水面。"

"海豚把小熊送到岸边。"

"突然,小熊说自己的帽子掉河里了!小海豚又回到河里帮小熊找帽子。"

"小海豚帮小熊找到帽子,并还给了小熊。小熊跟小海豚说再见。"

"最后,小熊回到家,见到了妈妈,一边吃饭一边给妈妈讲述今天的故事。"

5岁孩子的天马行空的逻辑,让我忍俊不禁。突然出现的雪山、小河中的海豚、故事中小熊的曲折意外的剧情遭遇,恰恰凸显了童真。每当家长和老师遇到孩子这样看似"不合理"的遐想时,更多地应该采取包容的态度,努力保护孩子最宝贵的创造力。

就这样,我女儿说一句,DeepSeek 翻译一句,我复制到即梦 AI 中,生成一张图。直到我女儿把整个故事讲完。终于,我女儿完成了她人生中第一本自己原创的绘本故事!

第 1 章　我和两个孩子的 DeepSeek 故事

有人可能会说："你这绘本人物都不一致！"

我想说，一个 5 岁的孩子，第一次写绘本，如果我们做家长和老师的连她这点瑕疵都无法容忍，那还谈什么保护孩子的创造力呢？

如果你的孩子，或你班里的孩子即将步入小学高年级，如五、六年级，那么你可能需要留意一个现象。随着年龄的增长，孩子曾经表现出的勇于探索和充满自信的特质，似乎正在悄然减弱。这就像一个气球，最初充满气体时鼓鼓的，但随着时间推移，气球会慢慢泄气。这种变化令人担忧，至少我是无法接受的，我必须采取行动。实际上，这种现象并非个例。

1.1.2　教育启示

小学高年级学生随着年龄的增长，有些人创新的意愿、自信心在逐渐减弱。但是，如果把孩子的整个人生想象成在高速公路上开车，创造力和自信心就相当于最重要的发动机。若核心动力不足，即便其他部件精良，也难以实现高效续航。所以，我认为，在孩子低龄时，也就是创造力最旺盛的阶段，我们还有机会做些什么。我们要努力保护孩子的创造力和自信心，这将是未来最难能可贵的能力，也是孩子终身成长的最核心动力，就像汽车的发动机。

作为家长和老师，首先就是允许孩子有不完美，并努力指导孩子从不完美中学习经验，才有可能进步。我认为，孩子有健康向上的心理，才是未来持续健康成长的前提。

需要说明的是，本案例侧重展示创作过程的核心逻辑。若需系统学习人物一致性等专业的 AI 绘画技巧，可以参考网络上更多 AI 绘画学习资料。

经过我和 5 岁的女儿与 DeepSeek + 即梦 AI 协作写绘本这件事儿来看，未来 AI 时代充满着各种挑战。孩子将来不会被 AI 取代，但很可能被那些会用 AI 的人取代。这就像长跑比赛，别人都借助了高科技的助力设备，而你还在用两条腿跑，能不被落下吗？

其实，AI 时代已经到来，未来的不确定性也在增加。衡量孩子成功的标准绝不仅仅是考试成绩。未来孩子能够获得不错收入的发展方向有很多，而"内容创作"

无疑是其中一条重要的路径，且其门槛正在逐渐降低。例如，一些畅销书作者、知名影视剧编剧，可以在旅途中、在海边创作小说或剧本，其稿费收入之高令人羡慕。

如果我的孩子将来能够通过内容创作过上这样的生活，那也是一种成功。借助 DeepSeek 这类 AI 工具，内容创作的门槛会进一步降低。而且，优质原创内容通过版权登记可以获得长达 50 年的保护期，这也可以看作是一种"铁饭碗"。当然，人各有志，三百六十行，行行出状元，作为家长和老师，我们不必拘泥于一种模式。

从我女儿第一次用 AI 写绘本这件事，我看到了未来人与 AI 协作的一种可能性。未来，人要专注于 AI 做不到的事情，才能避免被 AI 取代。单纯用 DeepSeek 学习 AI 已经掌握的东西，如记单词、背课文、刷题，我们人类永远比不上 AI 工具。与 AI 比拼记忆力或做题能力，可能是一个容易被降维打击的选择。现阶段以及可预见的未来，AI 生成内容在情感共鸣、个性化表达等维度仍有提升空间。而人类相比 AI 最大的优势，正是"人情味儿"和"情感温度"。因此，只有人类发挥出自己独特的优势，再与 AI 协作，创造出全新的事物，未来人类才不会被 AI 取代。

使用 DeepSeek 的终极目标是人 +AI 共同创新。而锻炼并保持 5 岁孩子创新能力的最好办法，就是让她自己编新故事。

其实，AI 绘画能力可不止给小学低年级孩子玩玩而已。后续章节中，大家还会看到 AI 绘画在辅助学科学习中的重要作用。如果说小学低年级孩子的 AI 应用重在创造力培养，那么对于中学生来说，重点则是助力各学科高效学习。

1.2 DeepSeek 小学高年级逆袭实战录

当然，我知道大多数家长和老师来读这本书，是为了用 DeepSeek 助力孩子高效率学科学习。所以，接下来，我抛砖引玉，跟大家说说我上初一的儿子与 DeepSeek 协作学习的一些日常。关于更多、更系统的 DeepSeek 辅助学科学习的方法和工具，我会在后续章节中分门别类地给大家详细讲解。

主角换成我 12 岁的儿子。我和很多小学高年级学生的家长和老师一样，都面临了孩子创造力、提问力减弱的问题。幸运的是，在我发现我儿子有这种趋势时，我

便迅速行动，借助 DeepSeek 逐渐帮他找回更多创新的意愿和自信心。这就像是在用 AI 给孩子的自信心充电，他现在已经从"我不行"逐渐变回了"我可以"。

1.2.1 DeepSeek 助力英语单词记忆初体验

儿子用 DeepSeek 学英语时，我让他背完每个单词后直接造句。儿子上小学时，英语老师非常负责，每天安排背单词任务。我儿子也照常执行，完成背单词任务。但是，单纯背单词，让孩子干巴巴地啃那些单调的字母组合，然后片面地记一个象征性的词义，这就像吃没放沙拉酱的蔬菜沙拉，或是没撒盐的炸薯条——食之无味！而且，印象不深，很容易忘。事实果然如此，每次背完单词，应付完老师第二天的默写，只过一天再问，能忘掉一大半。其实，我们完全可以借助 DeepSeek 这类 AI 工具，作为孩子背单词的调味师，让背单词也能有滋有味起来。

单词就像小鱼，句子就像水。只有把鱼放到水里，它才能活起来。这也是为什么北京小学一年级的新课标教材在第一课就直接引入句子教学，从一开始就让孩子接触完整的语言环境，这也印证了语言学习的这一规律。所以，背单词时，也应该把单词放在具体的句子中，让孩子在实际语境中感受每个单词的用法，这样才能真正活学活用，记忆也会更加深刻。

DeepSeek 可以帮助孩子瞬间用单词造句，让单词如鱼入水，活起来。这不仅能帮助他们记住单词本身，还能帮助他们理解单词的具体应用场景，自然就解决了为什么背的学习动力问题，还有助于长期记忆，印象深刻。操作步骤如下：

（1）打开 DeepSeek，或者其他接入 DeepSeek 大模型的 App。需要注意的是，一定要开启屏幕左下角的"深度思考"和"联网搜索"两个功能。其中，深度思考模式可提升回答质量，联网搜索功能支持实时信息验证。

（2）点击右下角的"+"按钮，在菜单中点击"拍摄"按钮，将孩子在纸上默写的单词拍照上传。

（3）按住底部的按钮，对 DeepSeek 说出你的要求：

"请识别图中的单词，并根据小学四年级孩子的英语词汇量，为每个单词造句。然后翻译每个句子的意思。"

然后 DeepSeek 就会根据你的要求，为每个单词造句，并解释意思。

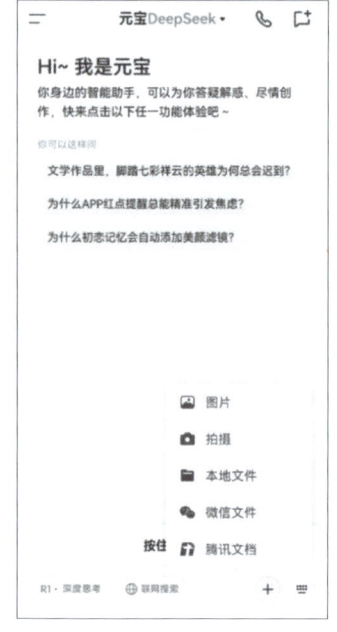 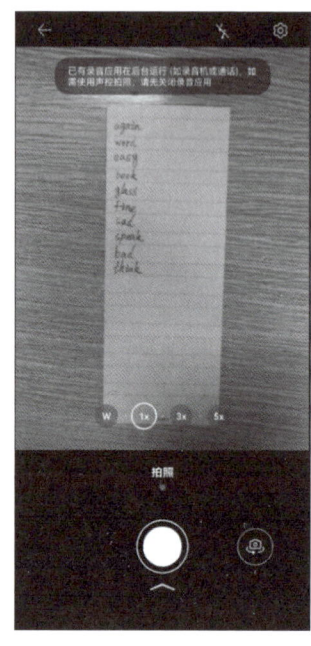 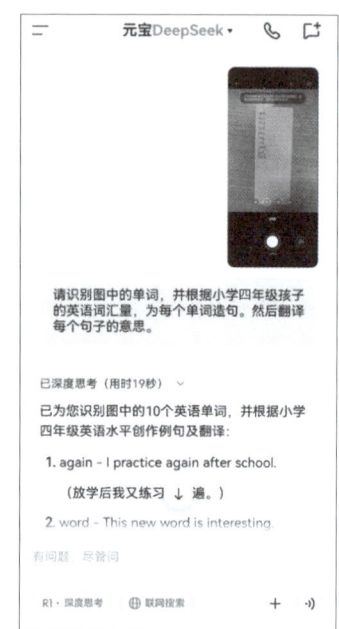

DeepSeek 这类 AI 工具，堪称孩子们学习英语的超级引擎，其实不仅仅是背单词一方面。后续章节中，我们会有专门的章节，如 AI 辅助英文写作、AI 辅助阅读理解等，详细给大家讲解 AI 如何全维度、无死角地提升孩子们的英语学习效率和效果。

1.2.2　DeepSeek 助力数学预习和自主探究学习

随着儿子年级的升高，学校开始布置更多的自主探究任务。其实，很多自主探究任务，就是以前的课前预习。预习可是学习的黄金法则之一！大家肯定都懂。提前预习第二天要讲的内容，第二天上课时，就能带着问题有目的地听课。先自学一遍，上课再听老师讲一遍，相当于学两遍，学习效果自然可以得到提升。特别是在学校学生多而老师又稀缺的情况下，利用课上宝贵的能见到老师的机会，把自己个性化的需求问题及时向老师提问，这其实就是初步的个性化学习。

道理咱们都懂。可是，AI 普及之前，孩子们只能依靠自己翻阅厚重的书籍进行预习，那过程之缓慢，仿佛蜗牛爬行。本来作业就堆积如山，时间紧迫，最后，预习往往成了奢望，只能无奈放弃。但现在，DeepSeek 的横空出世，AI 的迅速零

门槛普及，彻底改变了这一切！只需简单一句话，AI 这位专业、强大的私人导师便能立刻让孩子开启预习之旅。它不仅高效快捷，更能根据孩子的实际情况和需求，灵活调整讲解的难度与深度，真正做到因材施教、不厌其烦，让预习变成信手拈来。

具体操作步骤更简单了，连拍照都不用。只要孩子对 DeepSeek 说出要预习的数学概念或知识点，请 DeepSeek 根据孩子的年龄和年级，有针对性地、通俗易懂地讲解一下即可。可以参考以下提示词：

"我是一名小学四年级学生，请为我讲解一下什么是有理数？有理数的特点等数学知识。"

DeepSeek 就能为孩子讲解预习的内容。这也太方便了吧！事实上，我儿子都是在晚上写完作业后，一边刷牙，一边请 DeepSeek 帮忙讲讲第二天的知识点。上哪儿找这么好的专属私教？！利用零散时间就能把黄金学习法则落地执行。

而且，采用这种方式预习后，我发现，我儿子更愿意主动提问了。每次他对 DeepSeek 返回的讲解感觉"没吃饱""不过瘾"时，都会继续追问。例如：

"既然有有理数，那有无理数吗？什么是无理数？无理数和有理数有什么不同？"

因此，在学习的道路上，做好预习才是实现"弯道超车"的关键所在。我建议，即使学校没有安排预习作业，家长也要坚持让孩子利用 DeepSeek 和零散时间，坚持课前自主探究预习。这不仅是对孩子自学能力的精心培育，更是让孩子在未来的学习道路上，拥有超越同龄人的抢占先机的能力。

1.2.3 DeepSeek 可能是把"双刃剑"

DeepSeek 可能是把"双刃剑"。接下来的这件事儿就有争议了。我是这样教儿子用 DeepSeek 提高语文写作水平的。语文写作是很多孩子的难题，也是家长辅导的一个短板。其实，使用 DeepSeek 这类 AI 工具时，只需一句话就能帮助孩子快速生成范文，这不仅可以帮孩子提供写作的灵感，还提高了他的写作效率。可以参考以下提示词：

> "我是一名小学四年级学生，请帮我以《找秋天》为题，生成一篇范文。"

但是，我知道你在想什么："直接用 AI 给孩子生成范文，算不算作弊？会不会造成依赖？"

毫无疑问！很可能产生依赖性，甚至学术诚信问题，因此，必须建立科学使用机制。

这时，你的第一反应是不是直接禁止孩子用 DeepSeek 这类 AI 工具？并且之后严防死守。但是，这样其实并不理智。一方面，如果全面禁止孩子用 AI，孩子很可能会与时代脱节；另一方面，现在手机这么方便，你也很难完全管得住。所以，简单的禁止不是长久之计。

从大语言模型 ChatGPT 诞生开始，AI 诚信问题就被推上风口浪尖。我们也不可能回避。但是，请放心，我有办法既能让孩子用上 AI，又能让孩子避免依赖和作弊行为。我将在第 2 章专门讨论 AI 与诚信问题，帮大家找到鱼和熊掌都能兼得的方法！让家长、老师、孩子都能放心大胆但讲究策略地使用 AI，去超越同龄人。当然，如果你着急，可以直接跳到第 2 章开始阅读。

本章仅展示使用 DeepSeek 辅助教与学的冰山一角。作为入门，先介绍最基本的单次问答式 DeepSeek 用法。后续每章都有详细场景、用法和更高级的应用，助力整个家庭借助 DeepSeek 实现教育创新，快人一步！

实际教学中，我接触的家长和老师朋友们，还有以下三个普遍问题。在本章最后，我先统一解答一下。

问题 1：让孩子用 DeepSeek 这类 AI 工具，等于完全放手吗？

回答：孩子刚开始用 AI 时，充其量只会问一个简单的问题。但是，AI 初次的回答往往并非尽善尽美。这时，家长就尤为重要了。因为家长的分辨能力肯定比孩子强，这时家长就需要在孩子旁边及时把关纠错，别让"AI 幻觉"把孩子带偏了。用 AI 也讲究方式方法，这就需要咱们这些更有生活阅历和经验的家长先跟着本书学习，

第 1 章　我和两个孩子的 DeepSeek 故事

然后回到生活中引导孩子。因此，让孩子使用 AI 并不意味着完全放手，而是让 AI 成为家长教育孩子的有力助手。而且，后续章节中，我会详细教大家如何让 AI 自己纠错与调整，彻底消除孩子使用 AI 过程中的后顾之忧。

问题 2：让孩子用 DeepSeek 这类 AI 工具，会增加家长的负担吗？

回答：其实，只要在孩子刚开始使用 AI 时，家长、老师耐心地指导孩子如何正确、高效地利用 AI，让他们体会到使用 AI 的便捷，孩子们会自然而然地养成主动借助 AI 辅助学习的习惯。到那时，家长和老师就轻松多了。之后的日子里，家长和老师的角色就会从天天催作业的"监工"，变成只在关键节点给出建议、监督并复盘的"顾问"。这可比每天盯着孩子写作业要轻松、有效多了！因此，让孩子合理运用 AI，非但不会为家长和老师增加额外负担，相反，通过 AI，家长和老师不仅能为孩子提供更加精准、专业的指导，还能在享受 AI 提供便利的同时有效地减轻自身的教育压力，实现亲子共成长的双赢局面。

问题 3：让孩子用 DeepSeek 这类 AI 工具，会减少我与孩子交流的机会吗？

回答：其实，孩子是不知道哪些场景该用 AI 的。这离不开家长的引导。家长就像开车时的导航软件，根据孩子学习的不同场景，告诉孩子何时该用 AI 及怎么用，而何时又要离开 AI，先靠自己动手做做试试。这样，家长非但没有被边缘化，反而成了孩子学习过程中的"及时雨"。每当关键时刻，你都能化身成解救孩子于困惑之中的"超级英雄"，让孩子感受到你的支持与陪伴。所以，让孩子合理使用 AI，非但不会削弱家长在孩子教育中的参与度，反而会让家长扮演更关键、更重要的导航员、及时雨角色。

本章最后，我想说，家长、老师与孩子共用 AI 辅助教与学，不仅会极大地缓解家长和老师的压力，而且能缓和师生关系、家庭亲子关系，还能降低孩子学习的难度。其实，所有孩子都想好好学习，取得好成绩，争取得到老师的表扬。没有哪个孩子天生不想好好学习的。所以，家长和老师应该相信孩子，多帮助，少责备。同时，还要想尽办法借助 AI 工具为孩子节省宝贵的时间和精力，提高学习效率，争取更多休息和睡眠的时间，保证身体健康。

第 2 章　DeepSeek 辅助写作算不算作弊

2.1　每次技术进步都会带来新挑战

承接上文所述教育技术发展脉络，第 1 章中留下一个发人深思的问题：如果孩子用 AI 一句话生成作文，肯定算作弊。但是，人类社会已经飞速进入 AI 时代，完全不让孩子用 AI，就会眼看着孩子落后于时代，那也不行。太纠结了。所以本章专门讨论学生使用 AI 的争议，并把正确用法给大家讲透。大家今后才能毫无后顾之忧，但要讲究方式方法地让孩子高效率使用 DeepSeek 这类 AI 工具。

2.1.1　科技发展过程中曾多次面临类似的问题

从 ChatGPT 诞生之初，就已经伴随着 AI 诚信的争议，直到现在都未平息。不可否认，使用 AI 可能会有弊端的情况，比如造成依赖，甚至欺骗。如果学生完全利用 AI，不动脑筋地完成任务，一定会阻碍学生自身能力的提升，这肯定是家长和老师最不希望看到的。

再者说，其实 AI 也不能保证 100% 正确。用过 AI 的人都知道，AI 生成的结果有时也会出错。很难一步到位就得到完全符合自己需求的结果。根据《2024 人工智能指数报告》，当前大语言模型的幻觉率（Hallucination Rate）仍维持在 3%～5%。AI 有时甚至会产生误导性内容，将使用者引入认知误区，专业上称为"AI 幻觉"。那么，我们该如何在这个 AI 时代，既利用好 AI，又防止孩子出现"AI 诚信问题"，还要防范"AI 幻觉"呢？

其实，科技发展的不同阶段都伴随着类似的情况，历史也早已为我们多次展现了科学合理的解决方案，我们可以参考一下。

例如，在计算器刚普及的年代，家长曾担忧其会削弱学生的笔算能力，认为学生需要保持手动计算能力，毕竟无法随时携带计算器。但最终，我们发现计算器对于高年级学生来说，也有好的地方。

例如，当孩子升到高年级，有些更复杂的概念和数学公式需要理解。这时，用计算器可以帮助高年级学生在完成基础计算任务时节约时间，使他们有更多时间来掌握

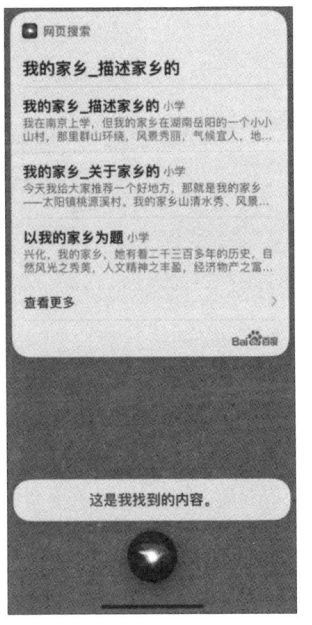

更复杂的概念，加速进入高等数学的学习。美国数学教师协会（National Council of Teachers of Mathematics，NCTM）1980年政策声明指出，计算器的合理使用可使代数学习效率提升30%。当然，孩子在练习计算能力时，应避免使用计算器。

类似的情况也发生在搜索引擎的普及过程中。当孩子接触带有搜索引擎的电脑时，家长们又开始担心搜索引擎能够查询到所有答案，会对学习本身造成灾难性的影响。但是，后来发生了什么？

搜索引擎的结果不够精准，良莠不齐，还需要人工筛选和总结。所以，尤其是对于低龄的孩子来说并不好用。事实上孩子们利用搜索引擎偷懒的情况并不多。

其实，搜索引擎的出现，尤其是像Siri这样语音输入的搜索引擎，并没有对孩子的学习产生负面影响。反而在一定程度上避免了孩子打字不熟练的烦恼，给孩子提供了可以迅速获得帮助的机会。这就避免了孩子遇到困难，掉到坑里，爬不上来，从入门到放弃。像这样简单说两句话，就能搜索到很多相似的结果，确实可以保护孩子的学习积极性。

而且，如果孩子确实学有余力，还能使用这种语音搜索引擎，迅速扩展知识面。可以说，学习效率是有一定提升的。

2.1.2 拍照解题软件对于教与学的影响

随着技术进步，拍照解题软件应运而生。家长的担忧是，该类软件允许孩子拍摄数学题，并在几秒内就能给出详细的解题思路。

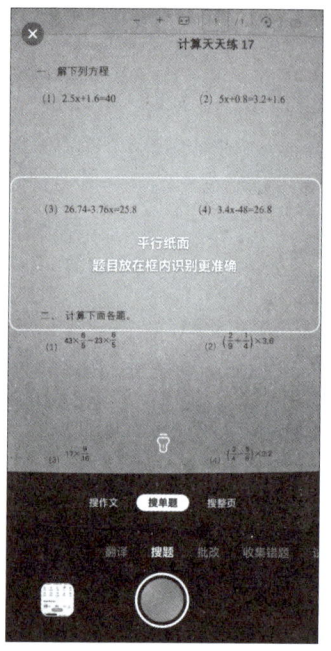 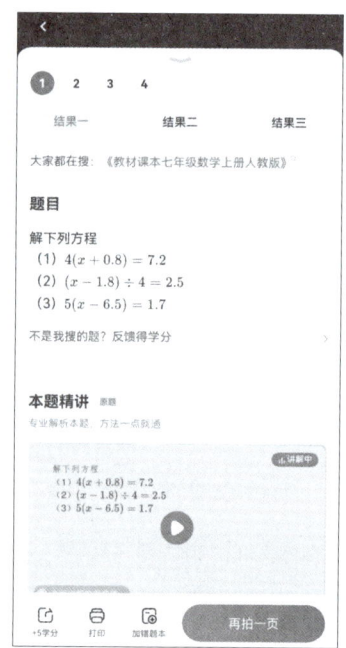

后来发生了什么？该类软件将重点转移到为孩子展示解题步骤的讲解上。甚至使用视频讲解题目。例如，点击搜索进行答疑，就可以很好地弥补孩子在没有老师的情况下独立学习时的辅导缺失问题。给孩子及时提供帮助，有助于保护孩子的自信心。

其实，拍照解题软件自身存在以下两方面的问题。

（1）如果孩子每道题都拍照，然后看视频讲解，也很麻烦。根据多项调研报告综合显示，78% 的中学生表示仅对 15% 以下的难题使用解题软件。所以，对于大多数题目，孩子还是会自己解决，只有对于比较难的题目才会寻求软件帮助。

（2）拍照解题软件的本质还是搜索，不是 AI，只是比对类似的题目，并不是讲的原题。因为有些数值不一样、问题不一样等，需要孩子有一个知识迁移的过程。

面对以上这些工具，我们作为家长，也试图防御过，不让孩子过早接触，怕影响学习。可是，结果是孩子和家长"斗智斗勇"，仍然可以找到方法来使用这些工具。例如，他们在书桌下、厕所里、被窝中偷偷用手机访问这些工具，或者他们可能向

第 2 章　DeepSeek 辅助写作算不算作弊

同学发微信求助。更何况，很多孩子有逆反心理，家长和老师越不让用的工具，他们反而出于好奇心就会一直想方设法地尝试使用。

AI 工具也是一样，既强大，又难以完全禁止。那家长、老师和孩子，不如直接共同面对，扬长避短地使用。

一方面，我们需要对孩子的使用进行适当的监督和引导；另一方面，我们可以利用 AI 提供的无障碍学习支持和即时反馈机制，极大地增强学习效果，这也符合未来 AI 社会对孩子能力的要求。

2.2　如何应对 AI 给教与学带来的新挑战

AI 融入各行各业，都是不可阻挡的趋势，将 AI 引入教与学中的大趋势也是水涨船高。有了 AI 的辅助，老师可能教得更好更快，家长辅导更容易，亲子关系更好，孩子学习的难度降低、效率提升、知识面的深度和广度增加。今后融入 AI 后，显著提升教与学的效率和质量。所以，家长、老师必须和孩子一起尽快调整以适应 AI 时代对教与学的新要求。

2.2.1　如何在教与学中合理引入 AI 技术和工具

首先，现在的 AI 工具已经大幅提升了易用性。例如，以前，孩子用纸笔写作或用电脑打字，虽然是小学生的必修课，但是它制造的障碍也不小。有些写字慢、打字慢的孩子，不得不把时间和精力都花费在这些体力活上，真正用于学知识的精力自然就不够了。而现在 DeepSeek 这类 AI 工具为孩子提供了许多无障碍使用的方式，如前面演示过的语音输入、拍照识字和翻译服务。这就给予了孩子极大的支持。如果禁用这些便利，可能反而会增加孩子的学习障碍，丢了西瓜捡芝麻，得不偿失。

其次，现在 DeepSeek 这类 AI 工具通过即时批改、智能分析等功能，显著缩短了教学反馈周期。纸笔写作，再由老师判作业，反而减缓了反馈循环的速度。使用 DeepSeek 这类 AI 工具，学生可以在任何时候、任何地方完成作业，并立刻将其上传给 AI 检查。AI 就可以立刻给孩子和家长提供即时反馈。例如,给孩子的作业拍照，请 DeepSeek 帮忙判作业，遇到难题时，还能立刻给出讲解。

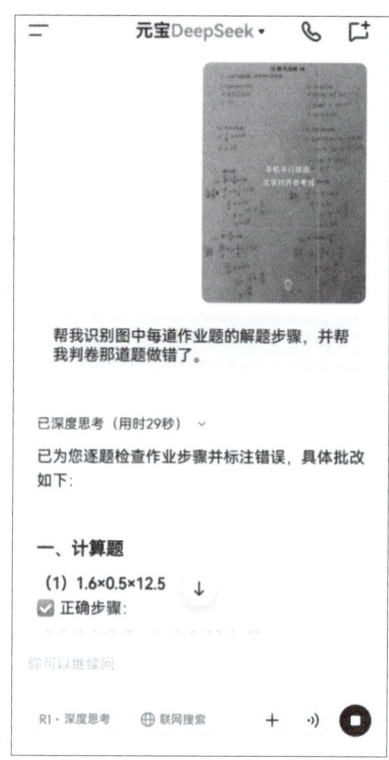

像这样趁热打铁，立刻查漏补缺，今天的问题绝不遗留到明天，学习效果自然会大幅提升；而反观书面提交作业给老师或等着家长下班回家有空了检查，可能要到很晚甚至第二天才能得到结果。

一味延续或强制孩子通过纸笔写作完成任务，也不符合他们未来要面对的 AI 社会现实。即使在当下，我们已经依靠电脑、互联网和智能手机完成日常工作。甚至初代 AI 也已经全面普及，并且出现了替代人工，甚至颠覆行业的趋势。据世界经济论坛《2025 未来就业报告》(*The Future of Jobs Report 2025 by World Economic Forum*）预测，未来 5 年将新增 2.7 亿个 AI 相关工作岗位，并取代 9200 万个工作岗位。

所以，越早接触 AI 工具，对整个家庭和对孩子的未来都利远大于弊。因此，希望老师和家长们打消顾虑，直面 AI，帮助孩子建立 AI 时代的正确认知和适应能力。然而，对于应该解决和避免的问题，还是要给大家提供合理的解决方案。

2.2.2　必要的监督与共情的引导并用

如何检查作弊呢？

第一种方法，如果孩子之前在某方面不够好，如写作或数学，但是现在突然有了大幅进步，说明有问题，就需要引起注意了。例如，之前写作文很费劲，现在写作文只要 5 分钟，还文思如泉涌的，就肯定有问题。这是第一个最简单的辨别是否偷懒的方法。家长和老师仅通过观察即可察觉。

但是，如果孩子真的在借助 AI 提升能力，那作为家长和老师还是应该鼓励和认可的。那么，如何鉴别孩子在使用 AI 工具时，是在偷懒还是在真的提升自己的能力呢？

其实，还有第二种方法，就是查看历史记录。AI 工具会留有历史记录，通过这些历史记录可以清晰地看到孩子与 AI 配合的探索过程。但是，查看 AI 工具的历史记录时，要特别注意保护孩子的隐私。建议建立家庭数字契约，即通过家庭成员协商制定的智能设备使用规则，如每周固定时间共同查看历史记录，查看范围限定于学习类应用。

假如家长和孩子达成了一致，则可以按照如下方法查看 AI 历史记录。DeepSeek 这类 AI 工具的左上角或右上角都会有一个展开按钮，常见于界面右上角的菜单图标（☰或…），点击展开后，就可以看到孩子使用 AI 工具的对话历史记录。

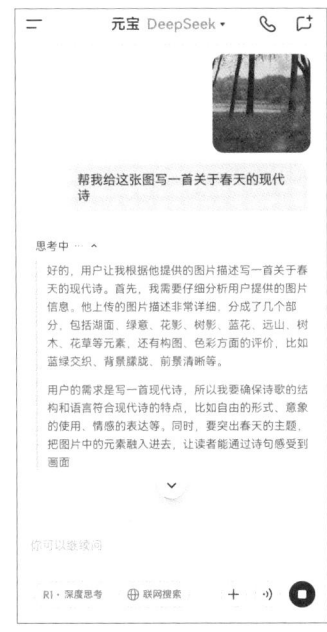
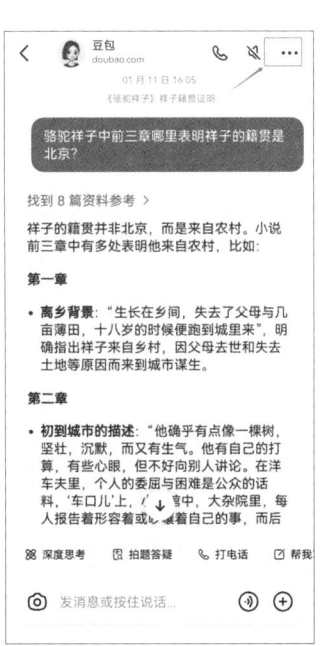

如果孩子像第 1 章获得作文范文的案例一样，仅用 AI 工具一句话获得作文，就

很容易确定孩子有偷懒的情况。

那么,接下来这种情况,你通过查看 AI 工具的历史记录,如果发现孩子只是向 AI 征求意见,但没有照抄原文,这样算不算偷懒呢?

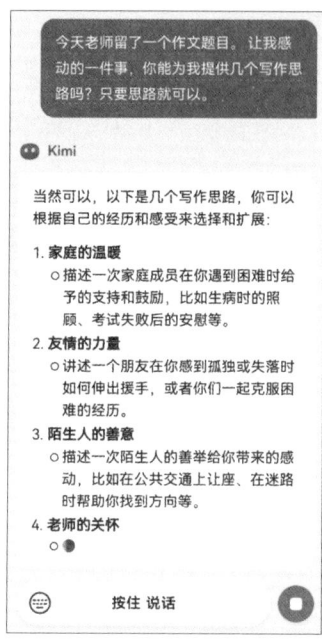
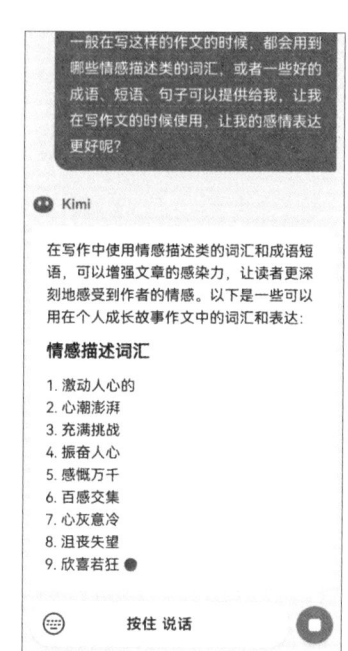

或者,孩子其实是先独立写完,然后请 AI 润色提升一下,这是否算偷懒呢?

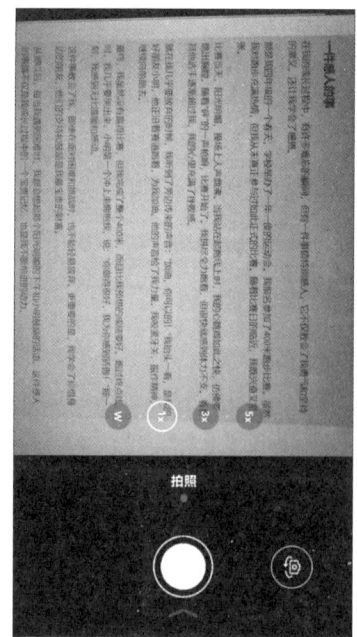

如果像警察破案一样一味地检查，对孩子来说，感受肯定也不好。频繁地进行检查等于把家长放在孩子的对立面，会给孩子一种不被信任的感觉，不利于亲子关系。甚至，如果完全禁止孩子用 AI，那孩子在遇到问题时，无法有效地解决，自信心和学习兴趣更容易受到打击。因此，建议通过家庭数字公约等方式，建立基于信任的监督机制。

其实有一套能够让孩子使用合理地、积极地使用 AI 工具的办法。

例如，针对 AI 提升孩子写作能力这个场景。

第一，我们可以请 AI 直接帮助孩子。可以让 AI 基于孩子输入的主题，提供一系列的写作思路和大纲，帮助孩子拓展思维。这就将 AI 工具变成孩子专属的一位私教老师。最重要的是，这位 AI 私教既免费，又随时恭候，还学识渊博，何乐而不为呢？

第二，因为孩子的生活经历比较单调，所以写作素材往往不多，大多数都是硬编，没有同感。这种情况下，就可以请 AI 帮孩子搜集写作素材。

第三，大多数孩子词语匮乏，这时可以请 AI 提供情感描述的好词好句，帮助孩子更准确地表达情感。

或者也可以在孩子先独立完成作文后，请 AI 帮孩子润色作文，让孩子趁热打铁，迅速有一个拔高的过程。

这些都是 AI 辅助写作的重要手段。本书第 3 章重点讲 DeepSeek 如何助力孩子提升语文和英语的写作能力。所以，这里先不展开讲解。

如果孩子有了 AI 的协助，我们对孩子作文的评价标准也应当有所提高。以前没有 AI 的协助，孩子的作文水平一般，我们的要求也相对普通一些。但是，现在有了 AI 的协助，如果还用以前的普通标准要求孩子，那和没用 AI 无差别，体现不出孩子使用 AI 的优势。久而久之，孩子可能自己也没有进步的动力了。因为现在有了 AI 的协助，孩子理应学到更多的写作技巧，思路更加新奇、结构更加流畅合理、故事性更强、素材更加丰富、好词好句更生动。

这样，一边让孩子合理且正确地用 AI 提升写作能力，一边家长提高对孩子的要求，双管齐下，才是最明智的教孩子用 AI 的上上策。

还有一点是家长和老师不容忽视的！根据我的观察，孩子都有最基本的自主向好意识。我们必须看到并保护孩子内心的学习积极性。事实上，学校老师已经针对 AI 工具调整了授课方式。例如，增加课上完成写作任务的环节。孩子们在课上是没有机会使用 AI 工具的，也不可能前一天晚上让 AI 生成作文，然后通篇背诵，第二天现场再默写出来。这一点孩子们比我们更清楚。因此，如果提前知道第二天课上老师会让写作文，那么前一天晚上孩子们可以像之前一样，提前请 AI 给一些思路和素材。

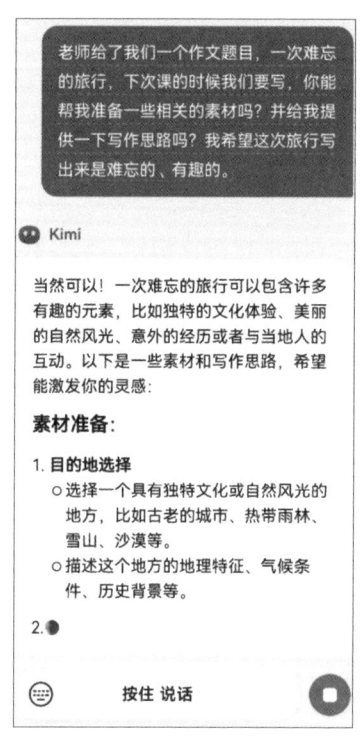
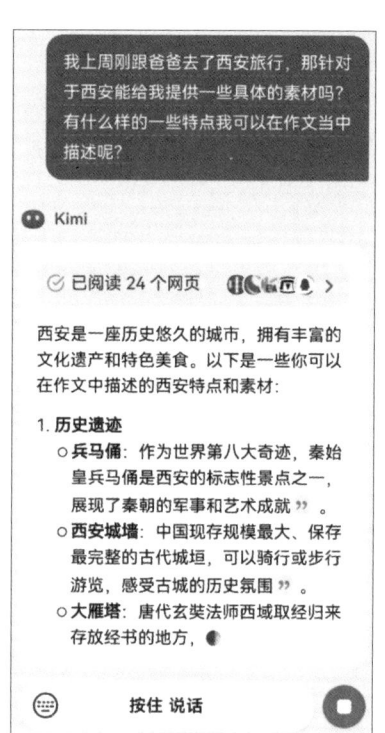

这是孩子们合理的自主学习方式，家长和老师应该鼓励和保护孩子的写作意愿和自信心。

第 3 章　DeepSeek 提升语文、英语写作能力

3.1　现阶段 AI 的局限

其实，用 AI 写作已经流行一段时间了。无论是身在职场的成年人，还是在校学生，多数人已经发现 AI 可以助力写作，但是无法完全代替人写作。

3.1.1　现阶段 AI 撰写的文章有明显的"AI 味儿"

AI 尚且无法完全理解人类的复杂情感和微妙的情感表达。但是，情感的描写在写作中尤为重要，尤其是在创意写作和情感丰富的内容创作中。

虽然 AI 可以通过学习大量数据来模拟人类语言模式，但它在理解特定语境下的含义和恰当表达方面仍有提升空间。语言不仅仅是词汇和语法的组合，还包括文化、情境和个人经历等多层面的意义。

例如，我请 DeepSeek 帮我生成一篇中考满分作文的范文，提示词如下：

> "你是一名擅长辅导小学语文作文的特级语文名师。请帮我以《我心中的那片月》为题，生成一篇中考标准的满分作文范文。"

以下便是 DeepSeek 给出的一篇作文。

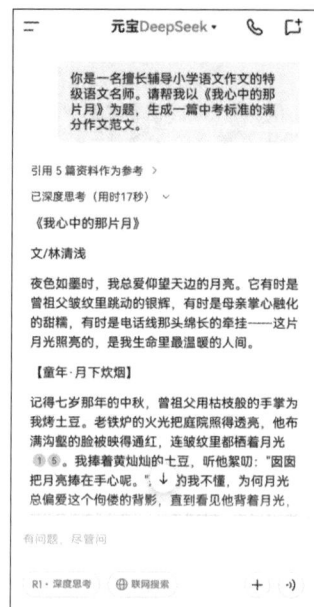
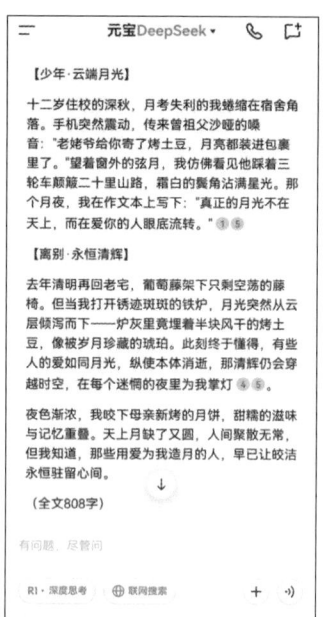

你能看出 AI 生成的作文中的"破绽"吗？作为对比，我使用同样的提示词让豆包生成了一篇相同主题的作文。

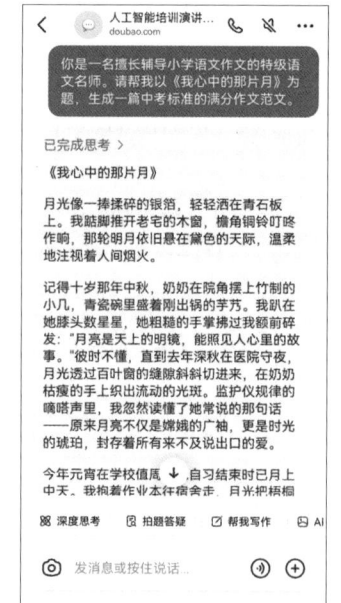
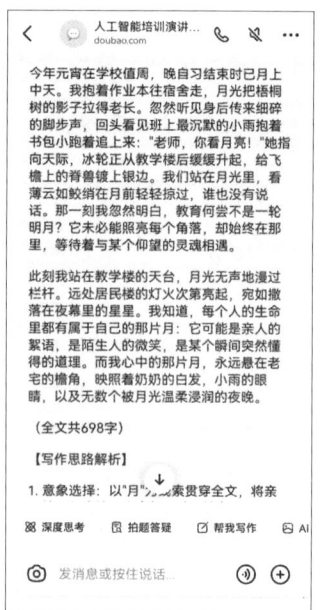

这时，一个绝佳的培养孩子批判性思维的场景就诞生了。我会请我的儿子来评判这两篇 AI 作文中逻辑不合理的地方，或者情感跳跃和缺乏真情实感的地方，并且请他给出修改意见。结果，我儿子的反应再次印证了我之前的结论——家长和老师应该

相信，每个孩子的内心都是向好的。我儿子说的第一句话就让我很吃惊。他说："这两篇作文'AI味儿'太重。"并且很轻松地给我列举了几处不合理的地方。例如，DeepSeek生成的文章中的"火光把庭院都照亮，他布满沟壑的脸被映得通红"，都这样了，怎么可能还看得到月光？他还不忘加一句："这种作文要是交给我们老师，会被罚抄100遍。"

归根结底，还是前面谈到的，如果你选择相信孩子，孩子就会用真心给你惊喜。

3.1.2　不同大模型有不同的专长

本书的目的绝不是否定AI，而是要教家长和老师们如何合理利用AI工具，扬长避短。我接下来又做了一件事儿，就是让两个AI工具互评，互相借鉴，反复修改、润色、优化。

我分别把两个AI工具生成的作文复制给对方，并添加以下提示词。

> "以下是一篇AI生成的作文，帮我找出这篇作文中不符合现实逻辑的地方，以及情感内核缺失的地方。
> （以下省略作文内容）"

DeepSeek和豆包，也不负众望地分别找出了两篇文章中不合理的地方。

以下是豆包评价DeepSeek生成的作文中存在的问题。

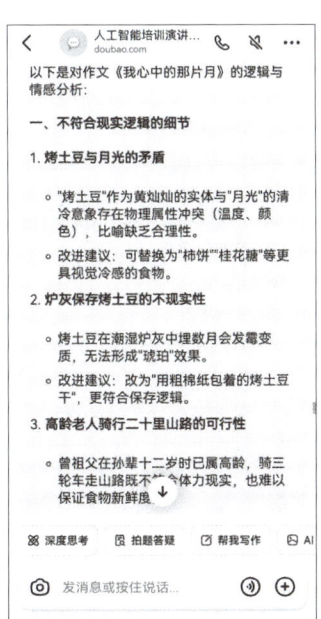 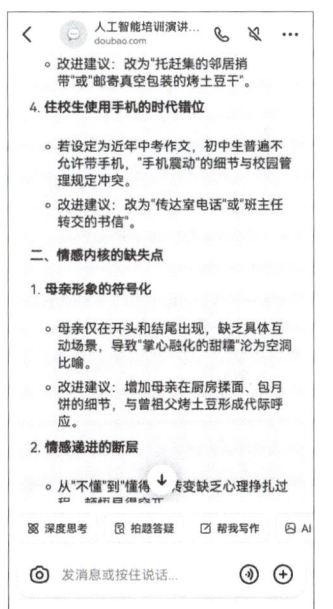

为了公平起见，我让 DeepSeek 评价豆包生成的作文中存在的问题。

第 3 章　DeepSeek 提升语文、英语写作能力

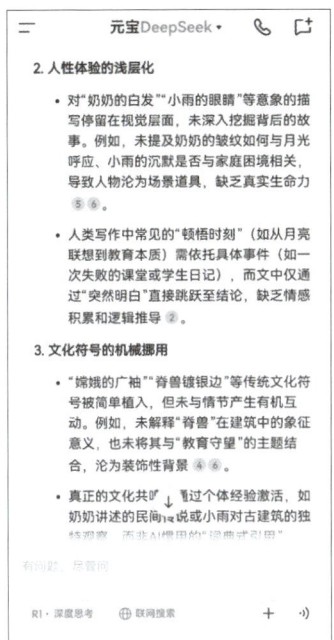
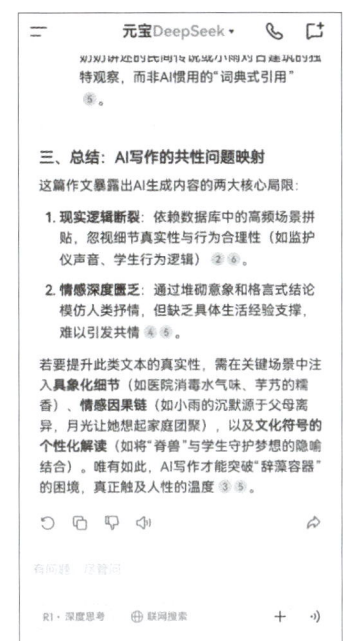

通过以上对比，不知道大家是否发现，不同的 AI 工具，不同的大语言模型，其实和人一样，也各有强项和短板。

豆包撰写的文章，破绽和漏洞较少，可用性较高；而 DeepSeek 撰写的文档虽然破绽和漏洞较多，但是逻辑推理、评判比较透彻。例如，上图最后一部分，DeepSeek 就一针见血地指出了现阶段 AI 辅助写作的问题，可以说直击要害。回到 AI 辅助教与学上来，对应的豆包可能更适合辅导文科，而 DeepSeek 更擅长辅导理科。

我并没有止步于此，既然发现豆包擅长写作文，我干脆请豆包继续帮我基于 DeepSeek 的文章和分析出的问题，继续优化和润色出一篇新的范文来。提示词如下：

> "请根据以上分析出的问题和优化建议，基于上一步复制给你的 AI 撰写的作文，帮我继续改写、润色出一篇更优质的范文。"

但是，不要对生成结果抱有太大期望，即使使用多 AI 工具协作并经过多轮反复生成、评判、改写，也很难达到完全由 AI 代替人写作的程度。因为现阶段，AI 生成文章的能力是有上限的。这是由 AI 大语言模型训练的数据集、训练方法决定的，也算是 AI 技术在内容创作领域的瓶颈。以下是豆包润色优化后的内容，仅供大家评判。

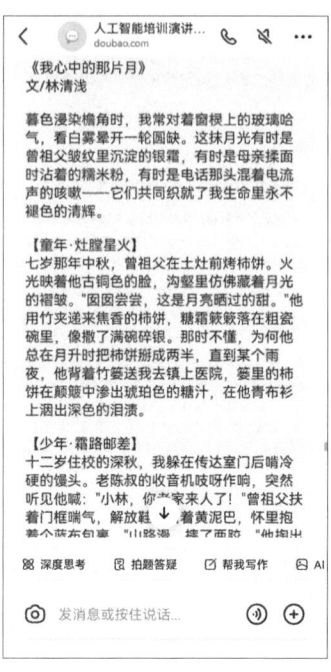
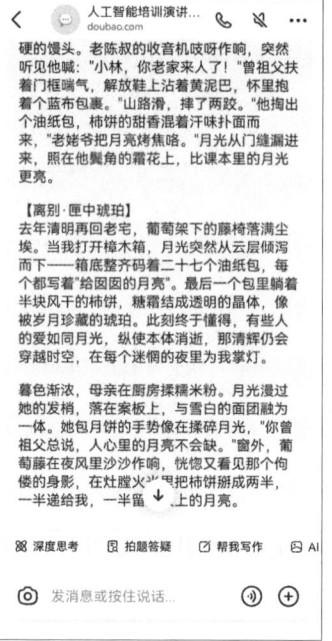

通过以上这轮 AI 写作的体验,我们还发现一个问题:AI 会理直气壮地误导人。例如,无论是 DeepSeek 还是豆包,无论它们自己生成的结果质量如何,都会在生成结果后,自己先吹捧一下自己。这也是 AI 领域常提到的"AI 幻觉"。

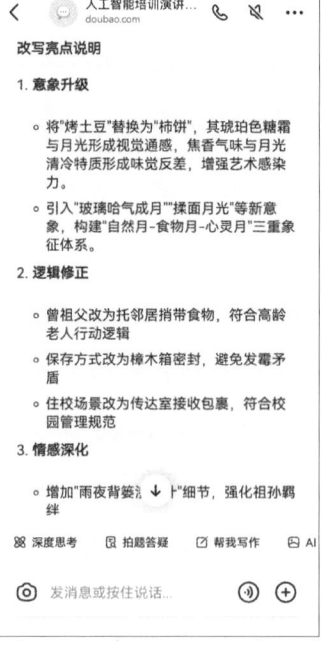
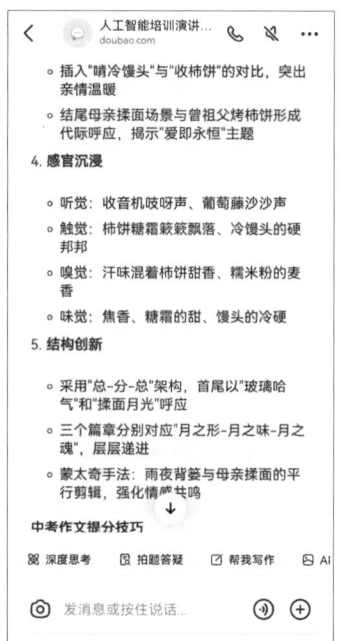

如果我们轻易相信 AI 的自吹自擂，很可能就会被误导和带偏。所以，无论是家长、老师，还是孩子，只要使用 AI，首先需要具备的就是批判性思维。需要纠正一个误区：批判性思维不是只批判、只找茬、不思维；批判性思维其实是指去粗取精、去伪存真。例如，以上这段 AI 的自吹自擂，是否真的一无是处？其实，我们可以从 AI 的自吹自擂中学习一些写作的技巧，然后用这些技巧结合自己的真实生活经历和真情实感，创作出好的文学作品。

由此可见，豆包不愧是辅导文科学习的利器，豆包发现这是为中考语文作文生成的内容，于是便在结尾帮我们生成了专门针对中考语文作文的方法和技巧。

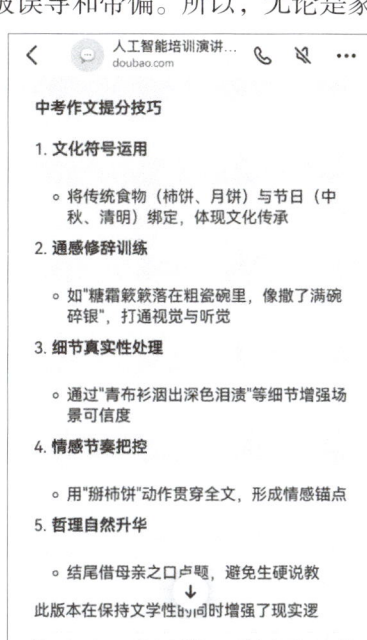

3.2 用 AI 提升语文和英语写作能力

虽然我们发现了现阶段 AI 写作的瓶颈，但是，未来，单就写作这一件事儿来说，既不是抛弃 AI，仅靠人写作，也不是让 AI 完全代替人写作。更多的肯定是人与 AI 共同写作，各取所长，扬长避短，从而让写作水平更上一层楼。

因此，在培养孩子语文和英语写作能力时，也要向着 AI 与孩子共创的形式培养，才能跟得上时代发展的要求。即使共创，也不单单是孩子与 AI 共创，少不了家长和老师的引导、监督与复盘。

3.2.1 DeepSeek 为语文写作提供提纲和素材

下面讲解一套用 AI 提升孩子写作能力的方法。在生活中使用这套方法并不会占用太多时间。当然，应用以下步骤指导孩子提升写作能力之前，需要与孩子约定红线——禁止直接提交 AI 生成的内容作为作业。

第一步，家长和孩子一起或引导孩子，让 AI 先提供写作框架。要用提示词控制 AI，不要一次性返回整篇文章。要想方设法地以提问、启发、协作共创的形式分段返回结果。而且，不要只返回一套框架，没有可选性，应该让 AI 返回多个写作框架作为备选。然后请孩子从 AI 给出的框架中选择适合自己能力的框架，继续填充内容、扩写润色。

在孩子刚开始使用 AI 辅助写作时，需要家长引导，或者稍微进行监督。以后当孩子已经熟练地掌握这步操作时，家长就不用参与了。

因为豆包更擅长语文写作，所以以豆包为例来完成。你可以教孩子这样向 AI 提需求："学校组织我们游览国家博物馆之后，老师让我们写一篇游记。能帮我规划三套文章结构的框架吗？"

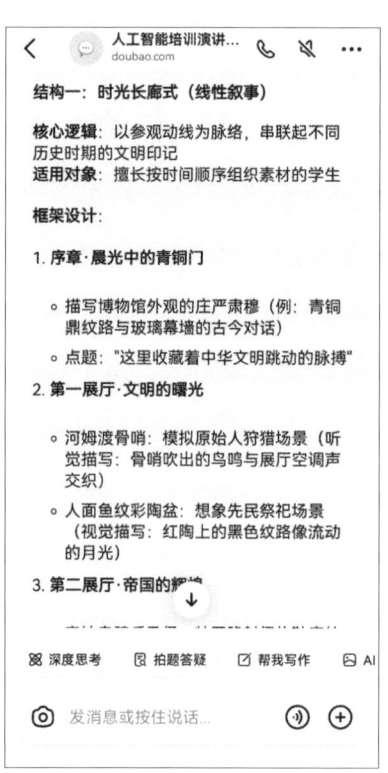
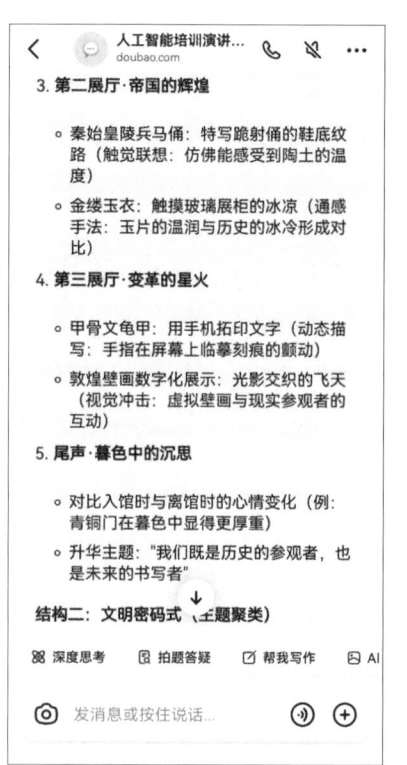

第 3 章 DeepSeek 提升语文、英语写作能力

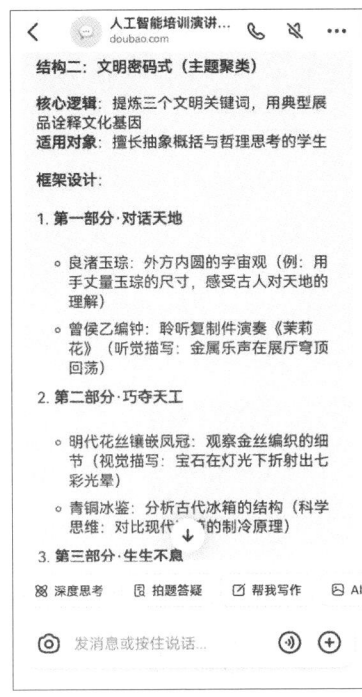
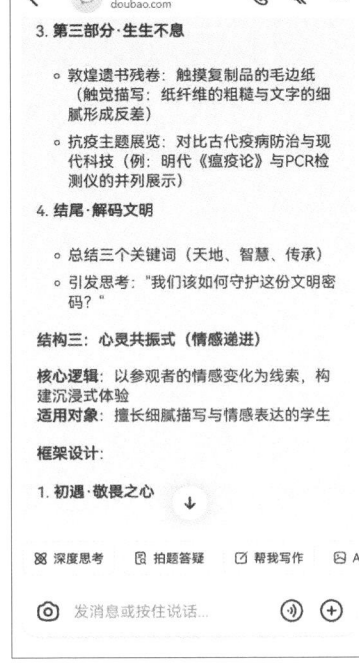
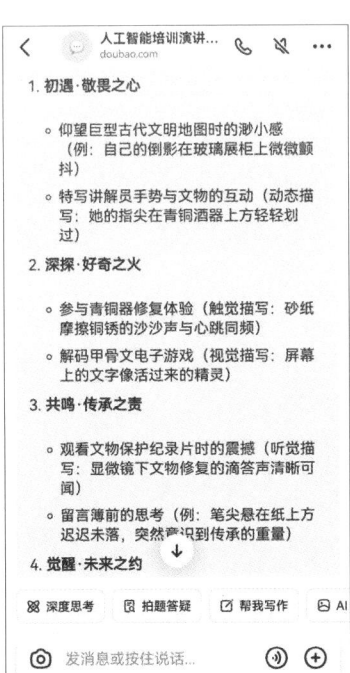
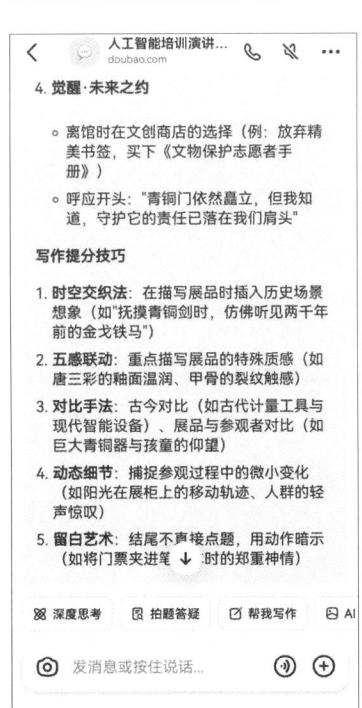

第二步，可以先让孩子自己完成第一段内容的写作。这时，不建议家长一直盯着孩子，以免给孩子太大压力。等孩子完成第一段后，家长可以用 AI 进行指导。

第三步，家长可以用 AI 工具把孩子的作文拍照上传给 AI，然后请 AI 对孩子原稿的优缺点作出评价，并提出改进意见。需要注意的是，这里最好不要只说缺点，还要有一些表扬孩子的地方，目的依然是保护孩子的自信心和写作意愿。然后可以让 AI 工具给出进一步润色改写的建议。提示词如下：

> "这是我写的第一段内容，请帮我评价这段描写的优点和不足，并指出哪些部分可以更优化。"

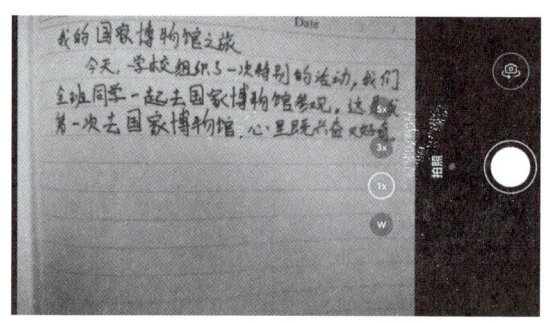

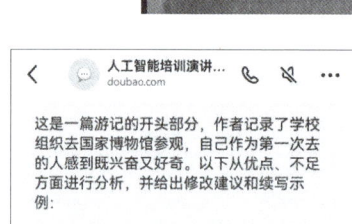

接下来，请孩子根据 AI 的优化建议，适当修改自己的原稿。这里要提防 AI 首次返回的结果，可能不完全符合你的心意、语境和孩子的龄段，需要用批判性思维

第 3 章　DeepSeek 提升语文、英语写作能力

进行鉴别。另外，也可以请 AI 多给出几种优化润色的参考素材，让孩子评判后，择优选择。因为评判的过程，本身也是孩子学习提高的过程。

如此反复多轮，孩子就会与 AI 共创自己的作品。

第四步，因为孩子的生活经验确实有限，很可能会词穷，出现"一个词描绘所有"的情况，或者硬编。这时，家长就要及时出面，可以通过 AI 指导孩子用更高级、更优美的好词好句，或让描述更加细致入微。

例如，孩子在描写秋天时，如果只会写"今天妈妈带我去赏秋，秋天真美……"，那么你可以使用以下提示词，帮孩子积累更多好词好句和写作素材。

> "请帮我逐步润色'今天妈妈带我去赏秋，秋天真美'这句话，最终实现虽描写秋天，但字字不见秋字。还要通过多感官描写，增加读者的代入感，但切忌机械且无逻辑地堆积辞藻。"

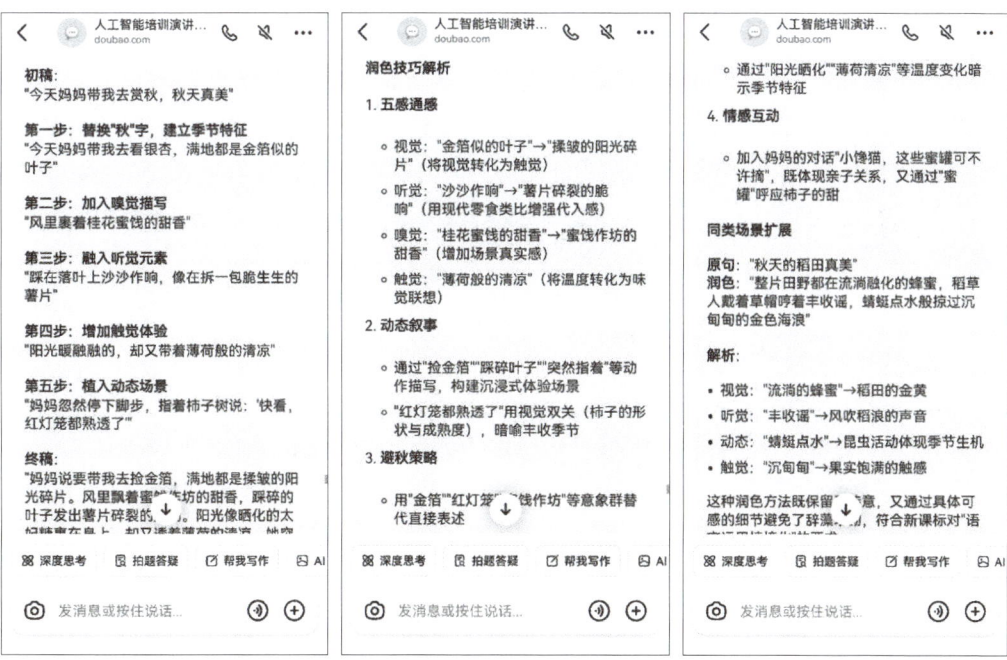

这里提示一下，因为孩子和 AI 协作肯定会经历反复修改，所以可以先让孩子在草稿本上完成自己与 AI 写作的草稿。待最终版本定稿后，再放入正式的作业本中，以免反复修改导致卷面不整洁。

3.2.2 DeepSeek + 即梦 AI 让孩子身临其境

生活阅历有限也是限制孩子写作思路和描写词汇的重要原因。我们不可能带着孩子亲身体验所有情境和世间万物。那么，如何做到让孩子足不出户也能随时感受到以上优美的辞藻所描绘的美丽画卷呢？这时就要用到 AI 生图。我们可以把以上好词好句先发给 DeepSeek 或豆包，请 AI 工具先生成绘画提示词。例如：

> "这是一段描写景物的文字：'整片稻田都在流淌融化的蜂蜜，稻草人戴着草帽哼着丰收谣。'请帮我用写实风格撰写一段 AI 生图的提示词。"

这是一段描写景物的文字：'整片稻田都在流淌融化的蜂蜜，稻草人戴着草帽哼着丰收谣。'请帮我用写实风格撰写一段AI生图的提示词。

引用 10 篇资料作为参考

已深度思考（用时14秒）

基于你的诗意化描写，我将从光线质感、空间层次、物象细节三个维度重构符合AI绘画逻辑的写实风格提示词，并标注关键参数设置建议：

写实风格AI生图提示词

主体场景：
秋日午后的大面积成熟稻田，稻穗饱满低垂呈现浓郁琥珀色，近景稻秆表面可见湿润光泽与细微裂痕，中景木制稻草人戴磨损竹编斗笠，左臂悬空挂着褪色布条，背景融入黛色远山与零星衣舍，田埂边缘散落着收割遗漏的稻穗 ①⑦。

光线与质感：
采用柔和的侧逆光照明，阳光透过薄云形成丁达尔效应，稻穗尖端产生蜂蜜般的半透明质感，稻草人麻布衣服的经纬纹路清晰可见，斗笠边缘磨损处呈现竹纤维毛刺 ①⑤。建议设置高动态范围（HDR）参数强化光影层次 ⑩。

动态与氛围：
微风带动稻穗形成波浪状起伏，三只麻雀在稻草人肩部短暂停驻，田埂间有农用拖拉机留下的新鲜泥痕，远处可见两三个戴草帽的农民弯腰捆扎稻束。整体色调控制在暖金色系，适当加入靛青色阴影增强视觉对比 ③⑨。

关键参数建议：
- 模型选择：Midjourney V6或即梦图片2.0 Pro（擅长处理自然光影）①⑨
- 分辨率：16K超高清（突出稻草纤维与稻粒细节）②
- 风格权重：写实风格85%+印象派油画15%（提升画面艺术性）
- 负面提示：避免卡通化、低饱和度、过度锐化 ⑥

有问题，尽管问

DeepSeek ⌄   R1·深度思考   联网

接下来，可以把这段提示词复制给即梦 AI 工具，让其生成对应的图片。

VIP 答疑助教

也可以在即梦 AI 工具中单击"视频生成"按钮让其生成视频。

进行到这里,我不禁感慨,曾经我们为了给孩子找画面感,增强孩子的生活体验感,绞尽脑汁、不惜花费重金带领他们出门游玩。现在,在 AI 的辅助下,足不出户,就能看到这些画面。AI 对教育的影响,可谓是颠覆性的。无论是家长、老师,还是学生,都要紧跟时代潮流，避免被时代的高铁遗落在旧时的站台。

浏览完优美的画面场景后，必不可少的一步便是总结。在孩子与 AI 协作共创写作后，家长可以让 AI 总结这次与孩子共创写作的过程。例如，共创时长、AI 生成的比例和孩子自主撰写的比例等。家长还可以让 AI 评价孩子本次写作的过程，让 AI 为家长提供反馈报告。这样，家长可以更准确地了解孩子的能力水平和学习情况，并提供针对性的指导和训练。例如，在哪些方面还有薄弱点，或者课后可以多看哪类书籍，可以参考以下提示词。

> "请针对刚才孩子与你共创写作的过程进行总结，并评价一下孩子的优点和不足，生成一份学习报告。然后，给出后续孩子提升写作能力的训练指导建议。"

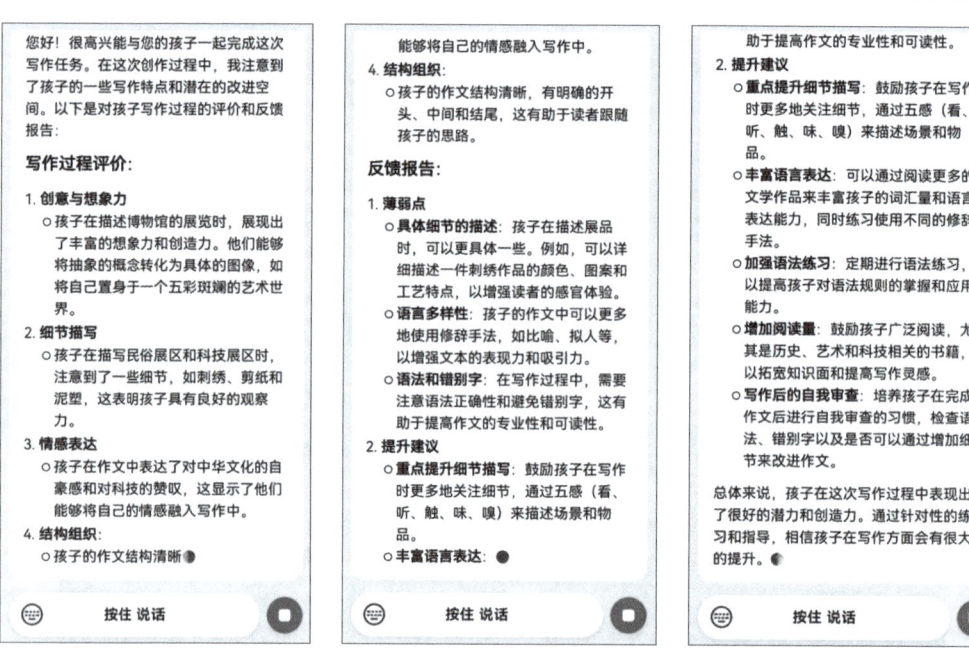

这里还要提醒大家，一旦孩子可以熟练地与 AI 共创写作，那么家长和老师对孩子作文的评价标准也应当有所提高。以前没有 AI 协助，孩子的作文一般，能写完就不错了，加之老师和家长的精力有限，无法做到无时无刻、细致入微的辅导。但是，现在有了 AI 协助，学习环境大幅优化，孩子理应学到更多的写作技巧，思路更加新奇、结构更加流畅合理、故事性更强、素材更贴近话题、语言更丰富生动、辞藻更华丽，也理应减少错误，如错别字、用词错误等低级问题。

3.2.3 用 AI 提升英语写作能力

除了语文写作之外，英语也需要培养写作能力。例如，新课标中对四年级孩子的英语写作要求是：正确地使用时态、单复数等基本语法规则，单词拼写正确，有明显的开头、中间和结尾，基本逻辑正确。

由此可见，对孩子英文写作的要求，除了词汇量之外，远没有语文写作要求那么高。所以，使用 AI 辅助孩子提升英语写作能力，并不会像辅助语文写作那样需要很多步骤。

家长可以引导孩子先用英语完成基本的内容书写，然后使用 AI 工具进行检查，如单词拼写是否正确、基本语法是否正确。

第一步，家长可以将孩子写出的英语作文初稿拍照并发给 AI 工具，请 AI 工具帮忙检查单词拼写和语法错误。提示词如下：

> "我是一名四年级小学生，这是我的英语作文，请帮我检查作文中的单词拼写和语法错误。"

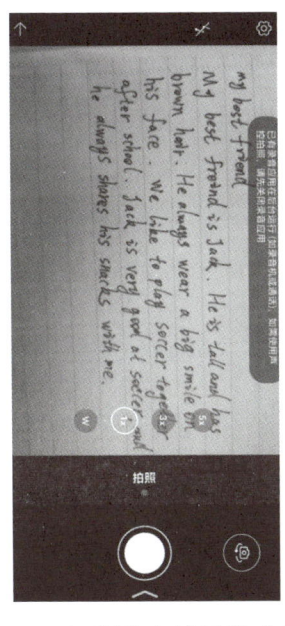

第二步，在孩子根据检查结果修改作文后，家长还可以引导孩子向 AI 追问以下问题。

（1）在孩子小学四年级的词汇量范围内，是否还有更好的表达方式？

（2）根据孩子写的作文，总结孩子的薄弱点，后续需要重点关注。

如果 AI 在润色时，出现超纲的词汇或语法，还可以让 AI 当场解释。

 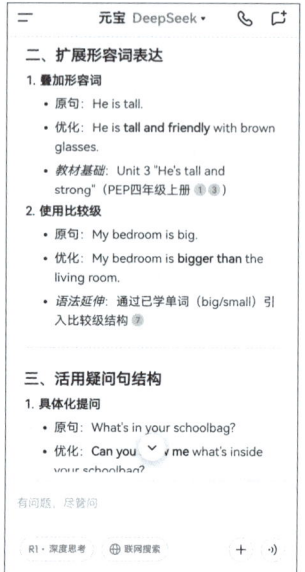 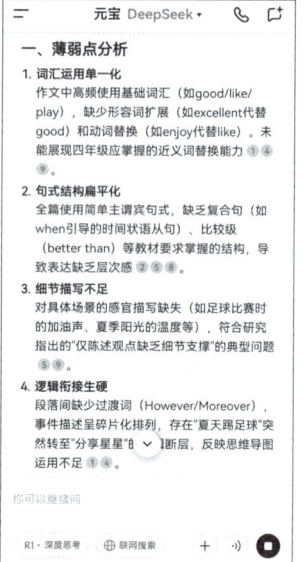

如果孩子对英语写作感兴趣，也可以像 AI 辅助语文写作一样，请 AI 给出优质的大纲、素材、好词好句，请孩子与 AI 共创更优秀的英语作文。参考提示词如下：

> "我是一名小学四年级学生，我正在撰写一篇英语作文，题目是'介绍我最好的朋友'。请帮我提供两套写作思路和一些好词好句。不要返回完整文章。"

同样，如果孩子已经熟练掌握用 AI 辅助英语写作这两步操作，家长就无须再频繁介入。但是，像语文写作最后一步一样，必要的总结、复盘还是要家长参与的。目的是了解孩子目前的能力水平和学习情况。

最后，总结一下 AI 辅助写作为家长、老师和孩子带来的便利。以前我们一味地让孩子闷头苦写，导致他们出现了很多问题，如效率低、没思路、自信心降低。现在有了 AI 辅助，加上家长的鼓励，可以保护孩子的自信心，同时让孩子敢于写作，从"我不行"，变成"我能行"。因此，建议各位家长和老师，在生活中多用 AI 辅助孩子写作，多给孩子机会让他们与 AI 共创写作。日积月累，孩子的进步可能会让你刮目相看。

第 4 章　DeepSeek 提升语文、英语阅读理解能力

4.1　利用 AI 技术提升语文阅读理解能力的新方法

其实，没有 AI 时，一样有很多办法能提升孩子的语文阅读理解能力。只不过，就是效率低点儿，需要投入更多教师资源、家庭资源和时间。

4.1.1　DeepSeek 如何为传统阅读理解方法赋能

以小学五、六年级的孩子为例。新课标对孩子现代文阅读理解的常见要求有以下几点。

（1）会总结文章主旨，概括文章内容和中心思想。

（2）理解文章体现了作者什么观点或态度。

（3）了解文章包含哪些特殊的修辞手法，如比喻、排比、拟人等，并且明白这些修辞手法的好处。

例如，让学生阅读《秋夜》并回答以下问题。

> **秋夜**
>
> 在我的后园，可以看见墙外有两株树，一株是枣树，还有一株也是枣树。
>
> 这上面的夜的天空，奇怪而高，我生平没有见过这样奇怪而高的天空。他仿佛要离开人间而去，使人们仰面不再看见。然而现在却非常之蓝，闪闪地映着几十个星星的眼，冷眼。他的口角上现出微笑，似乎自以为大有深意，而将繁霜洒在我的园里的野花草上。
>
> 我不知道那些花草真叫什么名字，人们叫他们什么名字。我记得有一种开过极细小的粉红花，现在还开着，但是更极细小了

第 4 章　DeepSeek 提升语文、英语阅读理解能力

……

请阅读《秋夜》回答以下问题。

（1）描写了哪个季节的景色？

（2）文章中提到了哪些景物？请至少列举三种。

（3）作者如何描述天空的？请找出相关的句子，并分析作者这样描述的目的。

（4）文章中哪些句子表达了作者对季节变化的感受？请找出这些句子并解释它们的含义。

（5）用一句话概括这篇文章的中心思想。

在没有 AI 的情况下，孩子也可以按以下步骤阅读：先预读，再略读，然后精读，最后寻读。

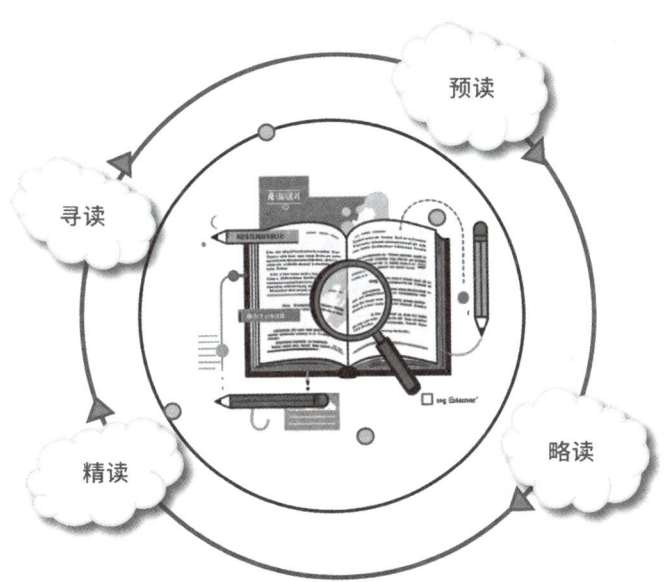

首先，可以引导孩子要预读和略读《秋夜》这篇文章。其中，预读是指快速查看文章的标题、首段和尾段，获取文章的主题线索和总体印象；略读是指阅读每段的首句和尾句，把握文章的大致结构和内容。

> 在我的后园，可以看见墙外有两株树，一株是枣树，还有一株也是枣树。
>
> 这上面的夜的天空，奇怪而高，我生平没有见过这样奇怪而高的天空。他仿佛要离开人间而去，使人们仰面不再看见。然而现在却非常之蓝，闪闪地睒着几十个星星的眼，冷眼。他的口角上现出微笑，似乎自以为大有深意，而将繁霜洒在我的园里的野花草上。

然后，以问题（2）为例，可以通过略读快速获得答案，并在文中画批关键词。文章中提到的景物包括枣树、天空、星星、野花草、小粉红花。

而针对问题（3），就要使用"精读"和"寻读"来找答案。

所谓精读，是指仔细阅读文章，关注作者的观点、例证和结论。其实，在之前略读文章时，强烈建议孩子用铅笔画出重要信息，如时间、地点、人物、事物等，这些往往是题目的考查点。

如果孩子通过前边的略读，已经找到了"天空"这个词的位置，也就顺利找到了对天空的描写："这上面的夜的天空，奇怪而高，我生平没有见过这样奇怪而高的天空。"一直到"星星的眼，冷眼。"都是在描写天空。

找关键词和句子还算比较顺利，接下来就不简单了，需要精读这段对天空的描述，想象并分析作者的目的。没有 AI 时，成年人可以想象一幅画面，如一个人孤独地站在星空下，周围没有人，天空深邃且高远，充满未知。但是，对孩子来说，这就是弱项了，因为孩子和作者、主角不是同一时代的人，作者的认知维度与孩子目前的经验体系存在代际差异，孩子很难与作者共情。

现在有了 AI，这个问题便迎刃而解了。家长完全可以用之前用过很多次的 AI 生图功能，为孩子生成文章配图。这样，更容易让孩子直观地感受作者的处境和心理。以下是操作步骤。

第一步，把这句话复制给 DeepSeek，请 DeepSeek 生成 AI 绘画提示词。

"以下是《秋夜》文章中的一段话：'这上面的夜的天空，奇怪而高，我生平

第 4 章 DeepSeek 提升语文、英语阅读理解能力

> 没有见过这样奇怪而高的天空。他仿佛要离开人间而去，使人们仰面不再看见。然而现在却非常之蓝，闪闪地映着几十个星星的眼，冷眼。'我想为这段话配图。请根据这段话描述的情景，帮我生成 AI 绘画提示词。"

（DeepSeek 生成的提示词截图）

第二步，复制 DeepSeek 生成的主要提示词，粘贴到即梦 AI 中。

但是，可以发现，AI 生成的图片并不符合文章描写的意境。这恰恰印证了之前强调的 AI 的劣势——对"人性"的理解不够准确。

然而，大家不要忽略，AI 还有另一个了不起的技能，就是 AI 自己会不断地学习。所以，可以更换提示词。让 DeepSeek 先通过联网学习《秋夜》作者说这段话时的时代背景，以及自身所处的环境和心情。

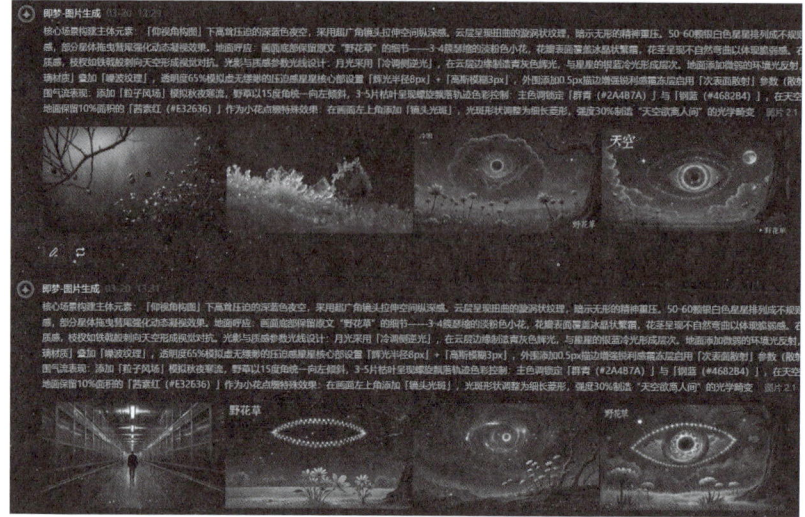

第三步,先让 DeepSeek 学习这段话。提示词如下:

"以下是《秋夜》文章中的一段话:'这上面的夜的天空,奇怪而高,我生平没有见过这样奇怪而高的天空。他仿佛要离开人间而去,使人们仰面不再看见。然而现在却非常之蓝,闪闪地眨着几十个星星的眼,冷眼。'请描述一下作者写这段话时可能所处的场景和周围的画面。"

第 4 章 DeepSeek 提升语文、英语阅读理解能力

第四步，再让 DeepSeek 将这段场景和作者本人生成一套 AI 绘画提示词。提示词如下：

> "如果我想用 AI 生图描绘一下作者此时此刻所处的场景，包含作者在内，请帮我编写提示词。"

核心场景构建

主体布局
1924年深秋北京砖塔胡同后园，采用仰视角与俯视角结合的**双重构图**。

- **前景**：鲁迅身着青灰色长衫，斜倚斑驳砖墙，左手夹纸烟，右手扶竹制圈椅，目光凝视夜空。砖墙裂缝中探出几株瑟缩的淡粉色小花，花瓣凝结冰晶状繁霜。
- **中景**：两株光秃枣树呈对角线交错，枝干龟裂如青铜器纹路，最长的三根枝杈如铁戟刺向夜空，尖端反射冷金属光泽。地面散落打枣遗留的碎叶，叶脉嵌入霜纹。
- **背景**：漩涡状靛蓝色夜空占画面2/3，50余颗银白色星星排列成瞳孔状阵列，边缘添加**发光粒子特效**模拟"冷眼"凝视感，云层呈现扭曲的丝绸撕裂质感。

人物与光影细节

鲁迅形象
- 面容消瘦，颧骨突出，眉间两道深纹，眼镜片反射星芒光斑
- 长衫下摆沾染墙灰与霜渍，右侧衣襟别着钢笔，笔帽刻有藤蔓浮雕
- 纸烟烟雾呈螺旋上升状，与夜空气流形成动态对抗

光线设计：
- 主光源为**冷调侧逆月光**，在枣树枝干投射锯齿状阴影，砖墙产生青灰色辉光
- 辅助光源来自屋内纸窗，透出暖黄色灯光，在鲁迅背部轮廓形成1cm宽的金边
- 繁霜启用**次表面散射参数**（强度0.6），模拟光线穿透冰晶的折射效果

象征元素转化
1. **天空压迫感**：使用Midjourney的**噪波纹理**叠加，透明度70%模拟虚无感，星群添加运动模糊（角度15°，距离12px）制造动态威压
2. **抗争隐喻**：枣树枝干启用Substance Painter材质，设置金属度0.85、粗糙度0.3，模拟"铁似的"质感；尖端与星群之间添加红色电弧特效，强度30%
3. **希望火种**：屋内灯光在窗纸投射**猩红色栀子花剪纸影**，与前景小粉红花的冻红色形成色彩呼应

AI绘画参数建议

第五步，把这段 AI 绘画提示词粘贴到即梦 AI 中。

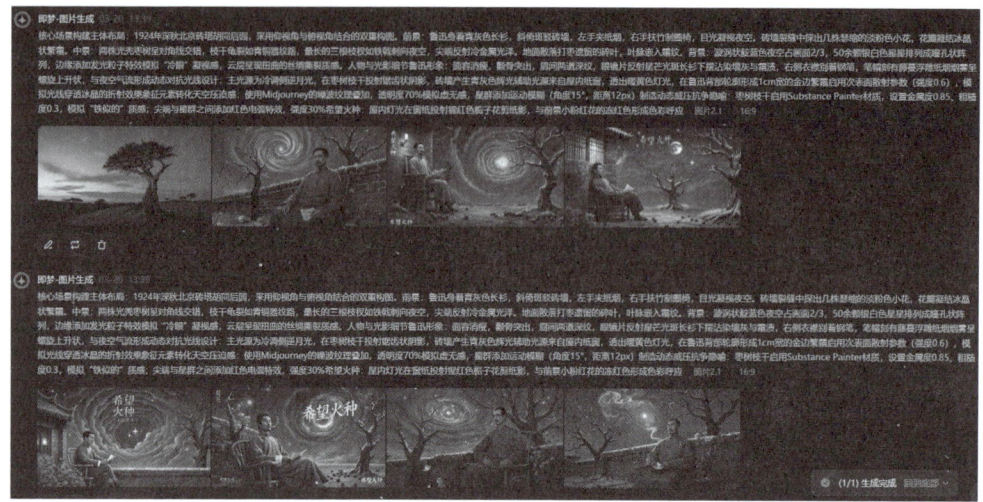

如果对第一次生成的结果不满意，可以让即梦 AI 反复生成，然后挑选最符合《秋夜》作者当时所处场景的画面。例如：

甚至，可以进一步将这张图片生成为视频，会更加生动形象。

通过这张图片，可以感受到，作者通过将天空描述得既高又奇怪，传达了一种超脱和冷漠的感觉。这种描述旨在反映作者内心的孤独和对周围世界的疏离感。

4.1.2　DeepSeek + 即梦 AI 为文章生成分镜画面

本小节解答 4.1.1 小节中的问题（4）。这道题问得更加细致，需要采用寻读技巧。所谓寻读，是指如果有具体问题，就要根据问题中的关键词，在文章中寻找答案。所以，可以先阅读题目，将题目中的关键词标记出来，如"季节变化"。然后回到文章中寻

第 4 章　DeepSeek 提升语文、英语阅读理解能力

找与季节有关的句子，即"他知道小粉红花的梦，秋后要有春；他也知道落叶的梦，春后还是秋。"

读到这段描写，如何让孩子立刻能感受一朵小花和一年四季的变化呢？还是借助 AI 工具。家长还可以用 AI 给孩子生成一组配图，让孩子直观地感受小粉红花和落叶在一年四季中所处的不同环境。以下是操作步骤。

第一步，先将作者的原话粘贴到 DeepSeek 中，让 DeepSeek 联网学习这句话的含义。提示词如下：

> "以下是《秋夜》文章中的一句话：'他知道小粉红花的梦，秋后要有春；他也知道落叶的梦，春后还是秋'。请描叙一下作者为什么要写这句话。"

接下来让 DeepSeek 帮忙规划 4 张图片，分别用来展现秋季的小粉花、小粉花的春梦、春季的落叶和落叶的秋梦。提示词如下：

> "我想用 4 张图片分别让学生共情体会到秋天的小粉花，以及小粉花的春梦，以及春天的落叶，以及落叶的秋梦。请帮我按顺序生成 4 张图片的提示词。要求：写实风格，不要超现实，不要抽象，要便于四年级小学生理解。"

分别将这 4 张图片的提示词粘贴到即梦 AI 中,让其生成图片。

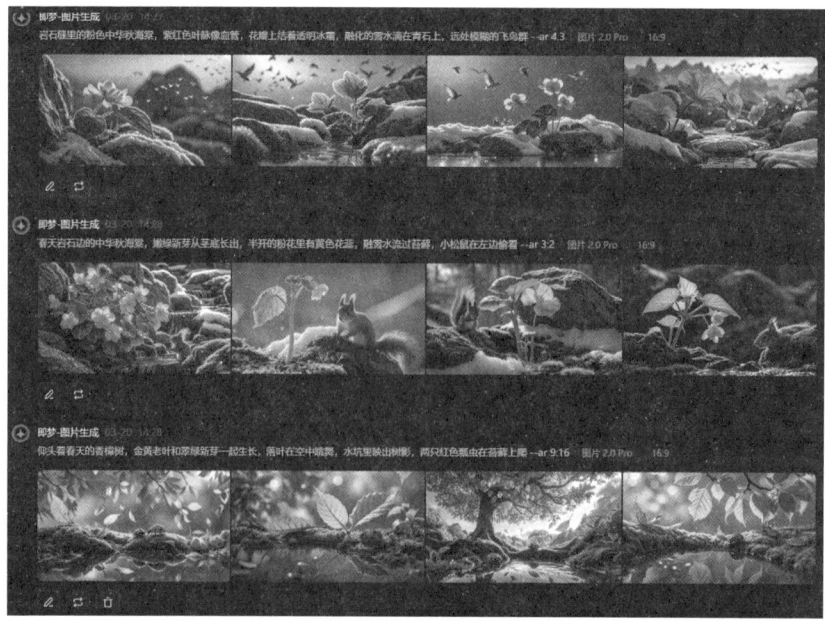

第 4 章　DeepSeek 提升语文、英语阅读理解能力

最后选择 4 张最能代表作者要表达的思想意境的图片并展现给学生。

甚至，可以进一步将以上 4 张图片生成为视频，会更加生动形象。

通过以上 4 张图片，可以感受到这句话是通过对比小粉红花对春天的期待、落叶对秋天的接受，来表达自然界中生命循环的无常和季节更迭的必然性。

其实，回答阅读理解题，还有一些惯用句式，例如：

（1）如果要求总结文章主旨，概括文章内容和中心思想，则可以归纳为"本文主要讲述了/分析了/描述了……（主题），通过……（具体内容），表达了……"。

（2）如果要体现作者的观点或态度，则可以归纳为"该段内容通过……（具体内容）的描写，表达了对……（主题）的……（观点或态度）批判/批评/不满"。

（3）如果是考查文章特殊的修辞手法和好处，则可以归纳为"这里使用了……（如比喻、拟人）修辞手法，其作用是……（如生动形象地描绘了……）"。

至此，整理完了回答阅读理解问题的常用技巧。但是，还是那个问题：如果没有 AI，即使知道以上规律和方法，让孩子和家长自己训练，也是有难度的。

4.2　DeepSeek 提升语文阅读理解能力

有了 DeepSeek 这类 AI 工具，随时随地都可以提升语文阅读理解能力。除了 4.1 节中介绍的为孩子生成文章对应图片，让其身临其境地感受文章的意境和作者的意

图外,本节将继续介绍一些新的训练方式。

4.2.1 DeepSeek 辅助孩子审题画批训练

在做阅读理解时,读题画批训练是必不可少的。用 DeepSeek 让孩子训练读题画批,可以帮助孩子提升关键词查找能力。对于小学到初中的孩子来说,无论哪个学科的学习和考试,提升关键词查找能力都是重中之重。

家长和老师可以使用 DeepSeek 专门出一些短小的文段,让孩子进行反复画批训练,提升孩子找关键词的速度和准确性。例如,请孩子仔细阅读文段,找出并标出关键词,然后家长和老师可以用 DeepSeek 检查关键词的准确性。以下是操作步骤。

第一步,先让 DeepSeek 生成多个文段和相应的问题,让孩子进行画批训练。提示词如下:

> "我想出三个文段,用来训练小学六年级孩子抓文章重点和审题画批的能力,并且为每个文段提出一些问题,让孩子根据问题回到文章中画批关键词。"

第二步，让孩子使用这些段落进行画批练习。

第三步，将孩子练习完的内容拍照上传给 Deepeek，让 DeepSeek 评判孩子的作答情况，给出正确答案。提示词如下：

"评判这道画批题中孩子找到的关键词是否符合每个问题的要求，并解释为什么。"

4.2.2　DeepSeek 为孩子打造阅读理解专属私教

除审题画批外，还可以为孩子打造专属的"1 对 1" DeepSeek 阅读理解能力提升私教。例如，在教孩子如何分析文章时，DeepSeek 可以更精准地给出正确的中心思想、修辞手法及说明作者观点在文章中是如何体现的。讲解的过程如专属老师一般，随时随地，无所不知，还极其耐心。

首先，可以将阅读理解练习的文章拍照上传给 DeepSeek，并配合以下提示词。

"帮我分析这个阅读理解的解题思路，并总结答题技巧。"

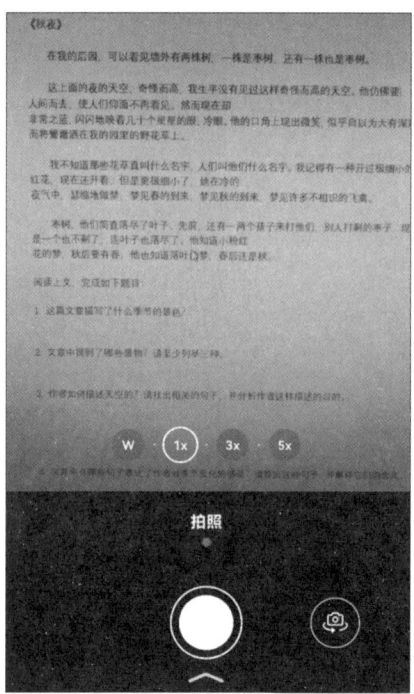

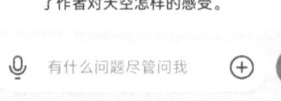

然后，家长可以将孩子每次作答的阅读理解题拍照给 DeepSeek，请 DeepSeek 作出评判和分析。提示词如下：

第 4 章　DeepSeek 提升语文、英语阅读理解能力

> "请对本次上传的阅读理解练习作出评判，并给出正确答案和详细解析。"

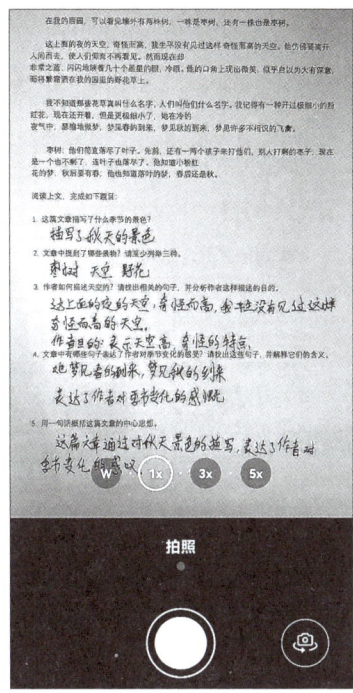

家长和老师在安排孩子练习阅读理解时，还可以通过 DeepSeek 实现个性化辅导，因材施教。例如，可以在 DeepSeek 评判孩子对阅读理解题目的作答时，请 DeepSeek 分析孩子的薄弱环节，并给出后续着重训练的建议。提示词如下：

> "请结合孩子本次阅读理解作答情况,分析孩子在阅读理解方面,哪里已经掌握得很好及哪里还比较薄弱。"

已经掌握的地方:

1. **基本理解能力:** 孩子能够理解文章的主要情节和主题,如正确识别出文章描述的是秋天的景色。
2. **关键信息提取:** 孩子能够从文本中提取关键信息,如文章中提到的景物。
3. **情感和主题理解:** 孩子能够识别并理解文章中表达的情感和主题,如对季节变化的感慨。

需要加强的地方:

1. **深度分析能力:** 孩子在分析作者描述的目的和深层次含义方面还有提升空间。例如,在描述天空的部分,孩子能够识别出相关的句子,但在分析作者意图时较为简单。
2. **细节把握能力:** 在回答关于文章中景物的问题时,孩子只列举了三种,而实际上文章中提到了更多景物。这表明孩子在把握文章细节方面需要加强。
3. **文本批注技巧:** 孩子在识别关键词和关键句方面可能还不够熟练。这需要通过练习来提高,以便更快地捕捉到文章的核心内容。

4. **表达和概括能力:** 孩子在用一句话概括文章中心思想时,虽然回答正确,但表达可以更加精练和深入。这需要通过练习来提升语言组织和表达能力。

建议的练习:

1. **深度阅读练习:** 选择一些难度适中的文章,让孩子练习找出作者的写作意图和文章的深层含义。
2. **细节寻找练习:** 通过阅读练习,让孩子标记文章中所有的景物、人物、事件等,以提高对细节的敏感度。
3. **关键词和关键句练习:** 提供一些文章段落,让孩子练习找出并标记关键词和关键句,并解释为什么这些是关键词/句。
4. **表达和概括练习:** 让孩子尝试用不同长度的句子概括文章的中心思想,从一句话到一段总结,以提高他们的表达能力。

通过这些有针对性的练习,孩子可以在阅读理解和分析方面取得更大的进步。

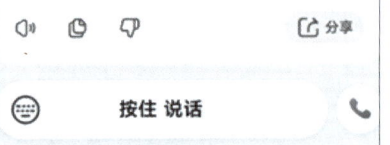

找到薄弱环节后,家长和老师后续就可以定期安排学生利用 DeepSeek 针对薄弱项进行专项练习。已经掌握的部分就可以少练,或不练,以此节约宝贵的时间。提示词如下:

> "请你针对以上分析出的孩子的薄弱点,出几道针对性的阅读理解题目,帮助孩子进行专项提高训练。要求:只出薄弱点对应的题目即可,不用出其他题目。"

第 4 章　DeepSeek 提升语文、英语阅读理解能力

当然可以。以下是几个针对孩子薄弱点的阅读理解练习题：

练习题 1：深度分析能力

阅读下面的段落，并分析作者使用"奇怪而高"描述天空的目的是什么？"这上面的夜的天空，奇怪而高，我生平没有见过这样奇怪而高的天空。他仿佛要离开人间而去，使人们仰面不再看见。"

分析提示：孩子需要理解作者使用这种描述可能想要传达的情感或主题，比如孤独、超脱、冷漠等。

练习题 2：细节把握能力

阅读下面的段落，并找出所有描述季节变化的句子。"她梦见春的到来，梦见秋的到来，梦见许多不相识的飞禽。枣树，他们简直落尽了叶子。先前，还有一两个孩子来打他们，别人打剩的枣子，现在是一个也不剩了，连叶子也落尽了。他知道小粉红花的梦，秋后要有春；他也知道落叶的梦，春后还是秋。"

分析提示：

练习题 3：文本批注技巧

阅读下面的段落，并找出你认为的关键词和关键句，然后解释为什么你认为它们是关键词/句。"我不知道那些花草真叫什么名字，人们叫他们什么名字。我记得有一种开过极细小的粉红花，现在还开着，但是更极细小了，她在冷的夜气中，瑟缩地做梦，梦见春的到来，梦见秋的到来，梦见许多不相识的飞禽。"

分析提示：孩子需要识别出最能代表段落主旨的词汇和句子，并解释它们的重要性。

练习题 4：表达和概括能力

阅读下面的段落，并尝试用一句话概括作者想要传达的中心思想。"在我的后园，可以看见墙外有两株树，一株是枣树，还有一株也是枣树。这上面的夜的天空，奇怪而高，我生平没有见过这样奇怪而高的天空。"

至此，关于 DeepSeek 辅助提升语文阅读理解能力的介绍已经完成。从训练起步，到助力学习，再到效果评测，最后通过专项训练巩固提升，整个闭环流程已全面呈现。

在让孩子使用 DeepSeek 时，需要注意以下两个问题。

（1）尽量在同一会话中完成一类事的操作。例如，就想持续且有计划地让孩子进行阅读理解专项训练。大家可以发现，本节的内容从开始的训练到助力、评判，再到最后的专项训练，整个过程是一套连贯的方法论闭环。后一步的操作，很可能用到前一步生成或评判的结果。因此，家长、老师和学生在日常使用 DeepSeek 这类 AI 工具时，如果是完成同一类事情，尽量保证在同一个会话中完成，不要频繁地新建会话。如果新建会话，那么新会话和旧会话之间是没有联系的，我们也就无法跟踪孩子的学习状态、学习效果，那么 AI 的辅助作用就会大打折扣。只有在同一个会话中完成的操作，AI 才会自动回顾、联系前文，对孩子的针对性、系统性助力更强，效果不言而喻。

（2）虽然 DeepSeek 可以在一定程度上给孩子提供辅导，但是毕竟孩子的阅历有限、时间有限，不可能完全理解每篇文章中的内涵和画面，这情有可原。然而，这样不利于孩子做阅读理解题，因此，家长不应该放过任何一个让孩子练习阅读理解的机会，多用 DeepSeek + 即梦 AI 生成图片、生成视频，让孩子直观地感受文章的魅力，培养孩子的想象力。当然，有机会的话，带孩子多接触大自然，多进行户外运动，读万卷书的同时行万里路。

4.3 DeepSeek 守护孩子广泛阅读的兴趣

AI 再强大，也永远无法代替孩子自身知识广度和深度的积累。要想真正从根本上增加孩子知识面的广度和深度，就要靠广泛阅读、多涉猎。广泛阅读，不仅能帮助孩子积累丰富的知识素材，还能提升阅读能力、增强语言表达能力，进而提升个人的文化素养，并促进思维能力的发展。

在 AI 没有普及的时代，孩子们也在不断地阅读和积累，但是在阅读过程中总会遇到各种难题，如不认识字词、不理解意义等。单靠孩子自己，往往无从下手，而家长们也不可能涉猎所有书籍和知识面。即便尝试上网搜索帮孩子解决问题，也常因搜索结果参差不齐，筛选工作量大而作罢。

4.3.1 DeepSeek + 即梦 AI 实现文字版穿越时空的对话

在 AI 时代，推荐大家利用 DeepSeek 辅助孩子广泛阅读，可以鼓励孩子在阅读中过程中出现疑惑时直接向 DeepSeek 提问，DeepSeek 会迅速为孩子作出精准的反馈。无论是生涩的词汇解释，还是陌生的风俗文化背景，甚至生成场景图和场景视频，让孩子身临其境，DeepSeek + 即梦 AI 的组合都能提供详细的解答。

其实还有一种更酷的 AI 玩儿法，绝对可以让孩子爱上阅读。你可以让 DeepSeek 扮演文章的作者，或者文章中的主角，孩子们可以直接与"作者"或故事的主角对话，询问作者创作时的心态、某段文字的意图以及想要表达的核心思想。这种互动不仅让阅读变得更加有趣，还能帮助孩子们更深入地理解作品。可以尝试以

第 4 章　DeepSeek 提升语文、英语阅读理解能力

下提示词。

> "请你扮演法国小说《小王子》的作者本人——安托万·德·圣-埃克苏佩里。我是一名小学六年级学生，最近在读《小王子》这本书。但是我对这本书的背景不太理解。你能站在作者本人的角度，用作者的口气为我讲一下《小王子》这本书的故事背景吗？"

孩子，当你翻开《小王子》时，你手中捧着的不仅是墨水与纸张，更是一个飞行员在沙漠星空下流淌的热泪与思念。让我带你穿越时空，回到1942年的纽约冬夜——那时战争像秃鹫的翅膀笼罩着整个欧洲，而我正坐在冰冷的公寓里，用颤抖的手指写下这些文字 ④。

我的童年是在里昂郊外的圣莫里斯城堡度过的，石头缝里生长的野蔷薇教会我观察生命的倔强。长大后，我成为了横跨大西洋的邮航飞行员，在云层与星辰之间触摸过无数生死。1940年法国沦陷时，我驾驶着伤痕累累的布洛克174侦察机，亲眼见祖国大地在硝烟中破碎，就像小王子看到猴面包树撑裂他的星球那般绝望 ④⑥。

流亡纽约的日子里，我时常坐在中央公园的长椅上观察往来人群。那些西装革履的绅士们让我想起小王子遇见的商人——他们数着根本不存在的星星，却对头顶真实的星空视而不见。康苏萝，我任性的玫瑰，此刻正在大洋彼岸的烽火中等待，就像B612星球上那朵需要玻璃罩的花 ④。某个清晨，当我看见第五大道的橱窗里摆满精致的玫瑰标本，突然明白真正的爱不在占有，而在日复一日为某人浇水的坚持。

沙漠中的狐狸曾告诉我："驯养就是建立联系。"这本书正是我与童年、与法兰西、与所有在战争中失去纯真的人建立的纽带。你知道吗？书中那条金色的蛇，其实是我在利比亚沙漠迫降时遇到的角蝰；点灯人每分钟要点亮一次的星球，是巴黎陷落那晚全城熄灭的路灯；而小王子的笑声，则来自我早夭的弟弟弗朗索瓦——他永远停留在了十二岁的夏天 ④⑦。

当你在星光下读到小王子与玫瑰的道别时，那是我在向所有被战争摧毁的美好告别。但请记住，就像每个飞行员都相信黎明会刺破黑夜，我始终相信每个孩子心里都住着B612星球。愿你守护好自己的玫瑰，即使某天不得不戴上大人的礼帽，也永远记得第一次看见日落时，天空曾为你绽放四十四次温柔 ⑥⑦。

当我和儿子当时看到 DeepSeek 这段回答时，都感到非常惊喜，简直太酷了！我儿子迫不及待地让 DeepSeek 扮演了很多书中的角色或作者。他说他从此爱上了阅读。

AI 带给孩子的震撼和吸引力是不言而喻的。如果家长和老师能够抓住这波 AI 技术爆发的红利，相信孩子们将会更加优秀，并会受益终身。

DeepSeek 的回答就像 DeepSeek 的一贯风格一样，比较偏理性，我又用豆包进行了同样的尝试。大家可以对比一下。

> 小朋友，很高兴你能读我的《小王子》呀。创作这本书的时候，我正处于一个很特别的人生阶段呢。
>
> 我本身是一名飞行员，之前飞行时在利比亚沙漠坠机，那次经历让我印象极其深刻。在沙漠中孤立无援的日子，那种孤独又奇妙的感受，为《小王子》中飞行员被困沙漠的情节提供了灵感。你在书中看到飞行员在沙漠和小王子相遇，其实某种程度上，就是源于我那段真实的经历。
>
> 后来第二次世界大战爆发，法国沦陷，我在1940年年底到了美国纽约。在纽约的生活并不如意，健康问题、婚姻问题，还有一直牵挂着的法国战争局势，这些都困扰着我。我心里满是忧愁和迷茫，在这种情况下，我开始转向创作儿童作品，想从里面寻找一些宁静和慰藉。
>
> 说到我的婚姻，我和妻子康素爱罗之间的感情很复杂。我们一见钟情，可婚后却因为各种问题争吵不断。她就像书中那朵骄傲又敏感的玫瑰，我们互相折磨却又深深爱着彼此，这段复杂的情感经历，也融入到了小王子和玫瑰的故事中。
>
> 而我在纽约结识的朋友西尔维娅，她就像书中的狐狸，是个很聪明、忠诚的知己。我们常常交流，她给了我很多建议和启发，书里狐狸教会小王子"驯养"，让小王子懂得关系的价值，这些都和我与她的相处有关。她养的黑色贵宾犬，就是书中绵羊的原型呢。
>
> 就这样，在生活的种种经历和情感的交织下，我开始创作《小王子》。我经常写到深夜，不断地修改，有时候一句话、一个情节，都要反复琢磨好多遍。我还亲自为这本书绘制插图，虽然我没有接受过正式的绘画培训，但我很想把心中的故事通过自己的画展现出来。希望你能在《小王子》的故事里，找到属于自己的感悟和快乐呀。

发掘出 DeepSeek 和豆包的角色扮演功能后，我发现，虽然我儿子已经上初一，但是他问问题的欲望突然像回到了幼儿园，逮着两个 AI 问起来就不停，而且，越问越有深度。例如，我儿子继续问豆包扮演的小王子作者：

> "《小王子》中的一些观点我不理解。例如，书中说'我们常常忽略了精神层面的价值'，这是什么意思？你作为作者本人，能帮我细致讲解一下吗？"

> 小朋友，很高兴你能对书中的观点感兴趣呀。在我们生活的这个世界呢，大家常常只关注能看到、摸到的东西。就像书里那只想着赚钱的商人，他眼里只有能带来财富的数字，却看不到其他珍贵的东西。
>
> 比如说爱，你看小王子和他的玫瑰，他们之间有着特别的感情。玫瑰虽然有些傲娇，可小王子还是深深地爱着它，这份爱不是能用金钱买到，也不是一下子就能看明白的，它藏在小王子照顾玫瑰的每一个举动里，藏在他们彼此的牵挂中。还有小王子和狐狸之间的友情，狐狸告诉小王子"驯养"的意义，当他们建立起这种特殊的联系后，彼此在对方心里都变得独一无二，这种友情带来的温暖和快乐，也是没办法用物质衡量的。
>
> 再比如勇气和责任这些品质，小王子离开自己的星球去冒险，一路上遇到各种人和事，他慢慢学会了勇敢面对困难，也懂得了要对自己"驯养"的东西负责，就像他对玫瑰的责任。但在现实中，很多人忙着追求权力、金钱这些表面的东西，忽略了这些内在精神品质的培养。
>
> 还有美好的回忆和想象，在沙漠中，小王子和我分享他的星球，他描述的那些奇妙景象，都是源于他丰富的想象。这些回忆和想象能在我们孤单或者遇到困难的时候，给我们力量和安慰。可人们常常因为忙碌，忘了去珍视这些内心的宝藏。
>
> 所以呀，"我们常常忽略了精神层面的价值"就是说，我们总是被身边看得见摸得着的事物吸引，却忘记去感受和珍惜像爱、友情、勇气、责任，还有美好的回忆和想象这些看不见，却能让我们的生命变得更有意义、更加温暖和丰富的东西。你在生活中也可以多留意一下，说不定能发现很多被忽略的"精神宝藏"呢。

4.3.2　与豆包通话实现语音版穿越时空的对话

文字交流尚存在局限性，无法满足我们的进一步需求，因此可以尝试语音交流。打开豆包，点击顶部的与大模型通话功能，可以实现与文章作者、主角的语音交流，其实就是把前面用到的提示词读给豆包即可。

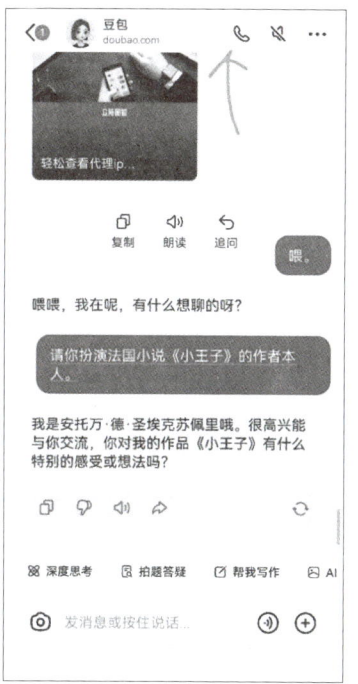

时至今日，儿子与 DeepSeek 等多种 AI 工具的配合已经很熟稔，不但没有产生依赖性，反而批判性思维日趋成熟。我相信将来有一天，即使没有我，他也能学会任何技能，解决任何问题。

4.4　DeepSeek 提升英语阅读理解能力

AI 不但可以提升孩子的语文阅读理解能力，同样可以提升孩子的英语阅读理解能力。以小学五、六年级的学生为例，中小学英语的阅读理解题型以判断题和选择题为主。在这些题目中通常考查内容主旨理解能力、细节语义理解能力及简单推断能力。

4.4.1 DeepSeek 提升传统阅读理解训练效率

在 AI 没有如此普及之前,就有一些专门提升英语阅读理解能力的方法和技巧。例如:

(1)定时练习,就是设定时间限制来完成阅读理解练习,以提高阅读速度和应试能力。

(2)关键词定位,和语文阅读理解一样,就是在阅读题目后,将题目中的关键词标记出来,并在文章中快速定位这些关键词所在的段落及准确位置。

(3)主旨句识别,和语文阅读理解一样,就是学会识别文章的主旨句,通常位于文章或段落的开头或结尾,有时也在段落的中间。

(4)带问题寻读,和语文阅读理解一样,就是对于细节题使用寻读法,直接在文章中找到与问题相关的句子,并仔细比较选项。

(5)排除法,就是如果遇到生词或无法确定正确答案,可以使用排除法排除那些明显不正确或与文章信息不符的选项。

(6)词汇猜测,就是在遇到生词时,通过上下文、词根词缀等方法猜测词义。

以上这些方法虽然很有用,但是对于家长和孩子来说,如果用翻译软件一个一个地去查不会的单词,一句一句地去翻译不理解的句子,效率实在太低了,家长和孩子都很辛苦。

随着 AI 的广泛普及,家长和老师也有了全新的解决方案来帮助孩子提升英语阅读理解能力。

最简单的就是查生词。孩子在阅读过程中遇到不理解的词汇或句子时,可以直接向 AI 提问。AI 能够迅速作出响应,提供准确的解释或翻译,从而大大节省孩子查找和对照的时间。当然,查生词,即使不用 AI 也能做到。有很多查单词的软件。但是,查单词的软件无法做到一项更重要的功能——个性化汇总。

例如,在孩子和 AI 协作完成一次阅读理解练习后,家长可以直接在孩子本次 AI 对话结束时,让 AI 帮助孩子总结本次练习中的生词和句子,以便后续针对性的复习。个性化总结也是我们提倡的个性化学习的关键环节。以下是操作步骤。

第一步,可以让孩子直接在阅读理解题目上把生词画批出来,然后用 DeepSeek

第 4 章　DeepSeek 提升语文、英语阅读理解能力

拍照，并配合以下提示词。

"划线部分是我不理解的生词，帮我结合上下文解释一下。"

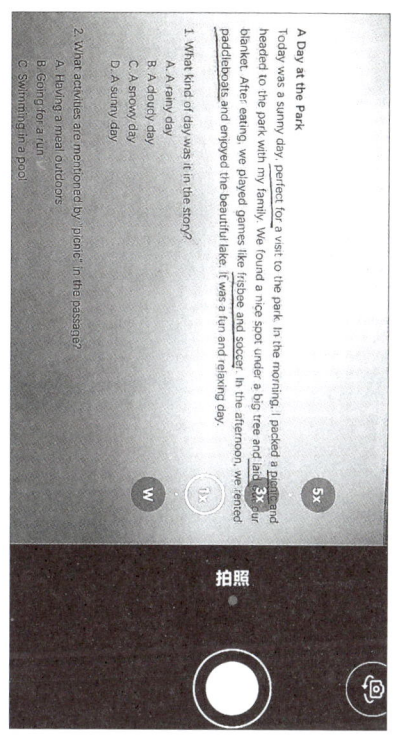

第二步，和语文阅读理解的要求一样，英语阅读理解中也需要画批训练，对于提升孩子的阅读理解能力至关重要。DeepSeek 也可以生成专门的英文片段，供孩子进行画批训练。通过反复练习，孩子能够更快地找到文章中的关键词，从而提高答题的准确性和速度。

例如，对于下面这篇英语阅读理解文章，可以先让孩子进行自主画批练习。然后再将原文拍照给 DeepSeek，请 DeepSeek 根据问题列举文章中的关键词。可以搭配以下提示词。

"这是一篇英语阅读理解文章和题目。请根据题目找到文章中的重点词和句，并详细给我讲解一下根据提问去文章中画批关键词的技巧。"

059

DeepSeek 玩转中小学人工智能

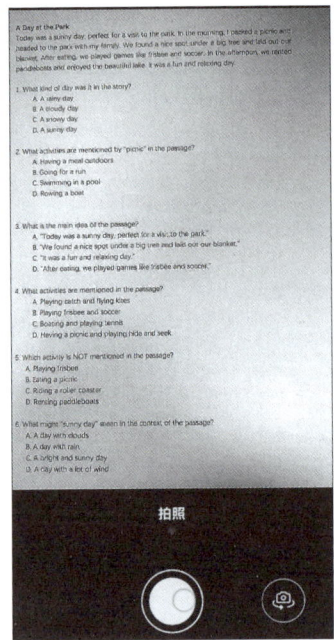

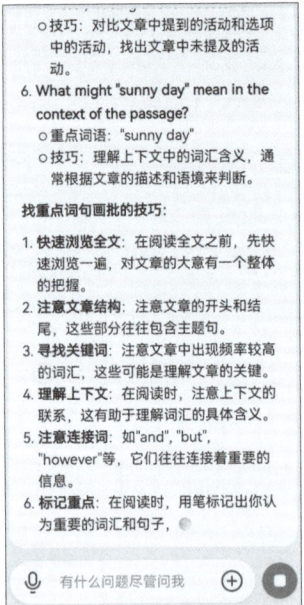

和语文阅读理解画批关键词训练一样,也可以让 DeepSeek 专门出几个英语阅读理解画批关键词的练习题。可以使用以下提示词。

"我是一名小学六年级学生,请你给我出几个英语阅读理解片段和配套题目,目的是帮我训练根据题目画批关键词的能力。"

第 4 章　DeepSeek 提升语文、英语阅读理解能力

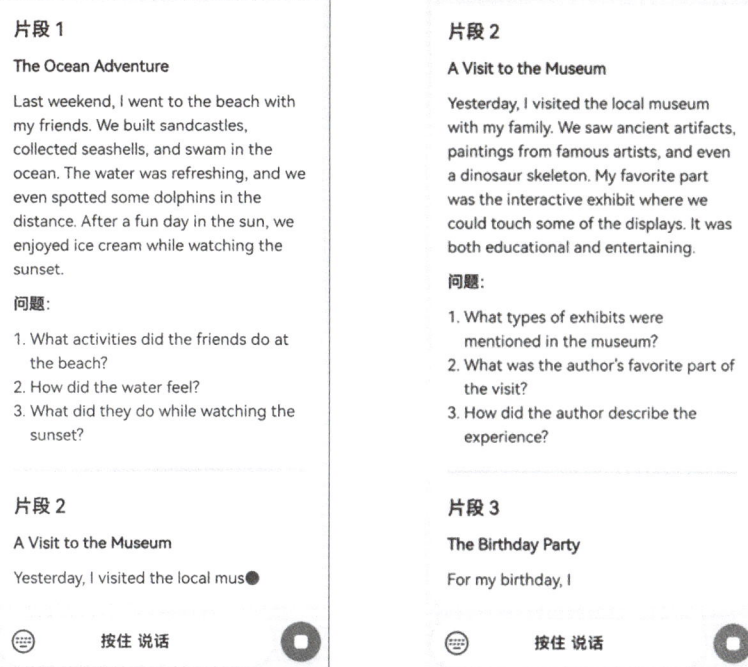

等孩子完成画批练习后，还可以将结果拍照给 DeepSeek，让 DeepSeek 评判和详细讲解一下。

4.4.2　DeepSeek 精准定位孩子的薄弱环节并针对性训练

和语文阅读理解训练非常相似，每次英语阅读理解训练结束后，也可以请 DeepSeek 根据孩子本次训练内容和训练情况，给出测评报告，分析孩子已经掌握的部分和薄弱环节。已经掌握得很好的部分，后续就可以少看或不看。节约下来宝贵的时间，后续可以继续请 DeepSeek 安排专项的练习。可以配合以下提示词。

"这是孩子的阅读理解练习，请你评判一下答案的对错，并分析孩子已经掌握的部分和薄弱环节。"

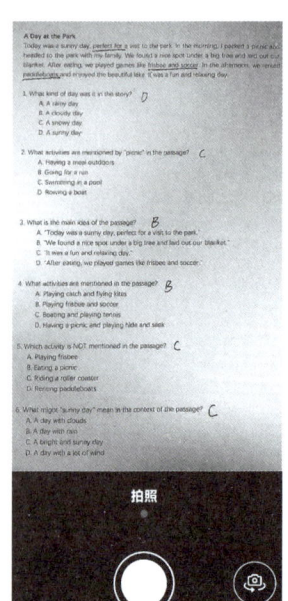  

了解孩子的薄弱环节后，就可以更有针对性地请 DeepSeek 安排专项练习。可以使用以下提示词。

"请根据孩子上次练习的薄弱环节，再生成两道具有针对性的专项练习题目。"

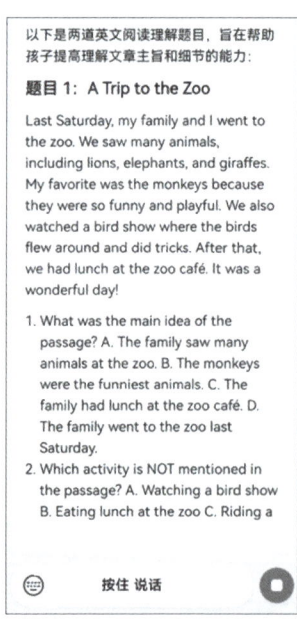 

和提升孩子的语文阅读理解能力一样，尽管 AI 提供了强大的辅助，但 AI 无法

第 4 章　DeepSeek 提升语文、英语阅读理解能力

完全替代孩子进行自主阅读积累的过程。只有让孩子通过自主广泛阅读、广泛积累，才能真正提高其自身的词汇量，才能培养孩子自身的语感。因此，应该让孩子在日常生活中自主广泛阅读英语绘本、英语文章。

但是，AI 的助力必不可少。原因依然是孩子在自主阅读时，会遇到各种各样的问题。如果没有及时的辅助，在遇到一些问题时，如频繁遇到生词、遇到新语法、遇到文化不同等，孩子的积极性和自信心很容易受到打击。所以，借助 DeepSeek 这类 AI 工具，可以随时随地为孩子提供强力辅助，如快速翻译、降低难度，从而保护孩子持续学习的动力。家长和老师可以引导孩子将正在阅读的英文文章拍照发给 DeepSeek，并配合使用以下提示词。

"这是我刚刚阅读完的文章，但是有些地方没读明白。你能帮我系统地讲解一下文章的大意，并帮我提取文中的关键词和关键句子吗？"

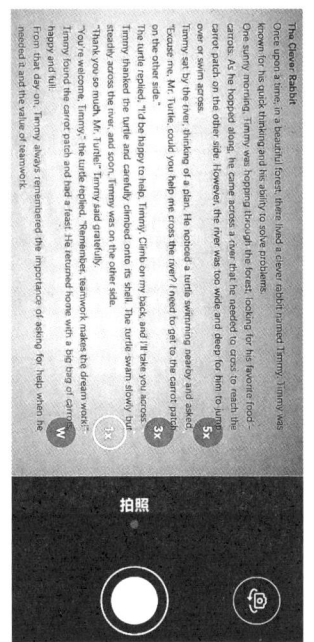

第 5 章　DeepSeek 提升语文背诵、英语记单词效率

5.1　DeepSeek 助力语文背诵的基础应用

实践证明，在 DeepSeek 等 AI 工具的助力下，可以显著提升孩子的语文背诵和单词记忆效率。但是，需要纠正孩子们，甚至很多成年人在学习中的一些错觉和假象。

5.1.1　揭秘：背诵中的"错觉"

许多孩子在背诵时，甚至在各科学习中，会陷入一种错觉，称为"元认知偏差"。所谓"元认知"，就是对自己学习的知识掌握程度的认知；而"偏差"，就是以为自己掌握了，但是实际没掌握。例如，很多家长和孩子，认为反复阅读和彩笔标记就能记住内容。但实际上，这只是短期记忆，并没有转化为长期记忆，这种现象就称为元认知偏差，即孩子误以为自己已经掌握了知识，还给家长带来一种错觉。结果一考试，成绩不会说谎，然后家长还一头雾水，怎么孩子平时"看着"很努力，也做了很多笔记，但是成绩总是上不去？这是因为，如果孩子仅仅只是机械地重复阅读和做各种标记，而没有真正理解和思考，这会让孩子误以为自己学会了，但实际上大脑并没有进行深入加工和记忆，很快就会忘记。

为了打破这种错觉，提升背诵效率，我们可以采用以下高效、科学的语文背诵方法。

（1）利用记忆宫殿或联想记忆。

（2）多样化练习与交叉学习。

（3）自我测试与反馈。

（4）间隔重复与检索练习。

（5）合理休息与睡眠及海马体记忆法。

5.1.2　DeepSeek 为语文古诗背诵构筑记忆宫殿

如何用 DeepSeek 助力，利用记忆宫殿或联想记忆？所谓记忆宫殿或联想记忆，就是通过构建图像化、空间化的记忆结构来帮助记忆。这种方法可以利用大脑对空间和视觉信息的强大处理能力来增强记忆，也称"双重编码记忆"。

孩子要背诵课文或古诗时，就可以用 DeepSeek 将课文中的每个部分或关键信息构建成具体的场景画面。在背诵时，孩子就可以回忆这些场景画面来辅助记忆。

先从简单地生成故事场景图和视频开始。例如，希望给《出塞》这首诗生成配图。以下是操作步骤。

第一步，用以下提示词请 DeepSeek 为《出塞》这首诗中的每句话生成分镜脚本，书名号中的古诗名可以更换。

"为《出塞》设计配图分镜脚本，要求写实风格，包含画面关键词（场景、光影、镜头参数）。"

DeepSeek：

"根据《出塞》诗意与影视化创作规律，结合写实风格要求，现设计四组分镜脚本如下：

分镜一：秦时明月汉时关

场景关键词：

　　千年古长城青石城砖（风化裂痕/苔藓斑驳）

　　戍边士兵甲胄（青铜兽面吞肩/皮革甲片磨损）

　　烽火台残存炭灰（余烬火星未灭）

光影参数：

　　色温：4500 K 冷月光（青蓝色调）

　　主光源：满月（亮度 -3 档）投射城墙投影

　　辅助光：烽火台余烬（橙红局部补光）

镜头参数：

　　焦距：24 mm 广角（低角度仰拍）

光圈：f/2.8（浅景深突出前景箭垛）

运镜：轨道车左移（每秒 0.5m）

分镜二：万里长征人未还

场景关键词：

荒漠盐碱地（龟裂地表/风蚀岩柱）

行军装备（皮质水囊渗漏/青铜戈矜包浆）

士兵面部特写（皲裂嘴唇/沙尘附着睫毛）

光影参数：

色温：5500 K 黎明光（暖金与冷蓝交织）

主光源：逆光（强度 -2 档）勾勒士兵剪影

特效：沙尘粒子（直径 0.5～3 mm）悬浮空气

镜头参数：

焦距：70～200 mm 长焦（压缩空间纵深感）

光圈：f/8（全画幅清晰）

运镜：无人机跟拍（高度 15m 匀速后撤）

分镜三：但使龙城飞将在

场景关键词：

中军大帐（羊皮地图/青铜虎符）

沙盘模型（陶土塑阴山地貌/松木城池）

将军手部特写（老茧/青铜护腕划痕）

光影参数：

色温：3200 K 篝火光（动态范围压制高光）

主光源：牛油蜡烛（三点布光法）

特效：帐外飘雪（降速至 50% 增强肃杀感）

镜头参数：

　　焦距：35 mm 定焦（平视视角）

　　光圈：f/4（焦点跟随指挥棒移动）

　　运镜：斯坦尼康环绕（半径 2m 圆周运动）

分镜四：不教胡马度阴山

场景关键词：

　　阴山隘口（玄武岩山体/冰瀑凝结）

　　胡人骑兵（毛毡大氅结霜/弯刀反光）

　　长城箭楼（连弩机关触发/青铜鸣镝飞射）

光影参数：

　　色温：6500 K 阴天光（冷铁灰基调）

　　主光源：顶光（模拟正午薄云天气）

　　特效：血雾粒子系统（动态模糊 30%）

镜头参数：

　　焦距：16～35 mm 超广角（俯角 45 度）

　　光圈：f/11（前后景俱清）

　　运镜：直升机航拍（200 米高度急速拉升）"

第二步，用即梦 AI 生成分镜绘画。在打开即梦 AI 后，先设置以下参数。

（1）模型选择：图片 2.0 Pro（细节精准）或 2.1（支持中文）。

（2）图片比例：9:16 竖屏（适配移动端）或 16:9 横屏（适合课件）。

（3）绘制首张分镜图。

　1）复制第一步 DeepSeek 生成的分镜一对应的脚本，不包含分镜标题，粘贴到即梦 AI 中。

　2）在提示词开头添加"写实历史剧质感""超清 8K"等效果关键词。

　3）为了让孩子在画面和古诗文字之间建立联系，可以在画面中写上诗句。即梦 AI 的文生图 2.1 大模型支持生成中文。所以，可以追加提示词：上角留白处用楷书写"秦时明月汉时关",文字边缘轻微晕染。

最终给到即梦 AI 的分镜一的完整文生图提示词如下:

"写实历史剧质感、超清 8 K、千年古长城青石城砖(风化裂痕 / 苔藓斑驳)、戍边士兵甲胄(青铜兽面吞肩 / 皮革甲片磨损)、烽火台残存炭灰(余烬火星未灭)

光影参数:

  色温:4500 K 冷月光(青蓝色调)

  主光源:满月(亮度 -3 档)投射城墙投影

  辅助光:烽火台余烬(橙红局部补光)

镜头参数:

  焦距:24 mm 广角(低角度仰拍)

  光圈:f/2.8(浅景深突出前景箭垛)

  运镜:轨道车左移(每秒 0.5 米)。

上角留白处用楷书写"秦时明月汉时关",文字边缘轻微晕染"

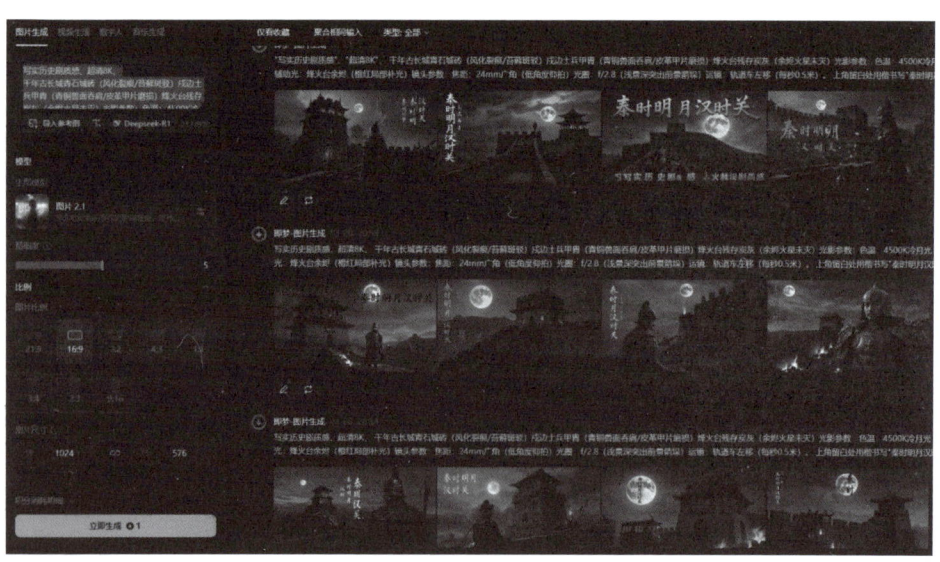

最终我们选中的图片如下:

第 5 章　DeepSeek 提升语文背诵、英语记单词效率

以此类推,先后在分镜二~分镜四的提示词的开头增加效果提示词,在结尾增加诗文提示词,发送到即梦 AI 中,让其生成图片,然后挑选心仪的图片。最终我们为孩子生成的《出塞》这首诗的配图如下:

怎么样？有没有激起你跟孩子一起背诵古诗的欲望？利用 AI 为要背诵的课文配图或视频，进行沉浸式背诵，更有代入感，更容易理解内容，有助于形成长期记忆。

5.1.3　DeepSeek 为语文现代文背诵构筑记忆宫殿

现代文背诵也可以构筑记忆宫殿。但是，在为现代文生成分镜时可以优先选择豆包，其在文学场景描述上更具优势。

例如，想背诵朱自清的《春》中的片段："鸟儿将窠巢安在繁花嫩叶当中，高兴起来了，呼朋引伴地卖弄清脆的喉咙，唱出宛转的曲子，与轻风流水应和着。牛背上牧童的短笛，这时候也成天在嘹亮地响。"以下是操作步骤。

第一步，先让豆包用以下提示词生成分镜脚本。

> "为以下文章中的每句话设计配图分镜脚本，便于照图精准背诵记忆每句话。要求写实风格，包含画面关键词（场景、光影、镜头参数等），注意前后分镜画面的连贯。
>
> 鸟儿将窠巢安在繁花嫩叶当中，高兴起来了，呼朋引伴地卖弄清脆的喉咙，唱出宛转的曲子，与轻风流水应和着。牛背上牧童的短笛，这时候也成天在嘹亮地响。"

豆包：

"以下是为《春》选段设计的分镜脚本，采用电影级场景构建方法，结合记忆心理学原理。

分镜1：窠巢安居

画面关键词：

　　场景：樱花树枝桠交错，嫩芽包裹着淡粉色花苞

　　光影：晨光斜射形成丁达尔效应，巢内绒毛泛着金色光晕

　　镜头：中景仰拍，焦距50 mm，展现巢与繁花的空间关系

　　动态：露珠从巢沿滚落，折射出七彩光斑

　　记忆锚点："繁花嫩叶"具象化为樱花与嫩芽，金色光晕强化视觉记忆点

分镜2：呼朋引伴

画面关键词：

　　场景：三只麻雀在巢边枝桠上，羽毛蓬松呈扇形展开

　　光影：逆光拍摄，喉部羽毛呈现半透明质感

　　镜头：特写推近，焦距100 mm，捕捉鸣管震动细节

　　动态：右侧麻雀突然振翅欲飞，带动左侧叶片晃动

　　记忆锚点："卖弄清脆"通过羽毛动态与鸣管特写形成多感官记忆

分镜3：风笛和鸣

画面关键词：

　　场景：溪流穿过鹅卵石河床，水面倒映摇曳的树影

　　光影：侧逆光勾勒出水花飞溅的晶莹轮廓

　　镜头：移轴镜头制造浅景深，焦点在溪流中央

　　动态：涟漪扩散至画面边缘，与鸟鸣声波形成同频震动

　　记忆锚点："应和"通过水波与声波的视觉化关联强化逻辑记忆

分镜4：牧童短笛

画面关键词：

　　场景：水牛低头吃草，牧童赤脚跨坐牛背

光影：顶光形成牛背的明暗交界线，笛声在空气中形成声波涟漪

镜头：低角度仰拍，焦距24 mm，突出人物与牛的比例关系

动态：牛尾轻甩驱赶蚊蝇，笛声从竹笛孔洞中可视化飘散

记忆锚点："嘹亮"通过声波涟漪与牛尾动态形成动态记忆

第二步，依然是分别复制每个分镜下的"画面关键词"内容给即梦AI，然后在提示词结尾追加一句绘制文字的提示词：留白处用楷书写"牛背上牧童的短笛，这时候也成天在嘹亮地响"，文字边缘轻微晕染。

例如，生成第一幅分镜画面的完整提示词如下：

"场景：樱花树枝桠交错，嫩芽包裹着淡粉色花苞

光影：晨光斜射形成丁达尔效应，巢内绒毛泛着金色光晕

镜头：中景仰拍，焦距50 mm，展现巢与繁花的空间关系

动态：露珠从巢沿滚落，折射出七彩光斑

记忆锚点：'繁花嫩叶'具象化为樱花与嫩芽，金色光晕强化视觉记忆点

上方留白处用楷书写'鸟儿将窠巢安在繁花嫩叶当中，高兴起来了'，文字边缘轻微晕染"

然后挑选最切题的图片。

以此类推，生成本段文字的后三张图如下：

当然,在使用以上图片辅助记忆时,也是有技巧的。例如,建议采用"3-2-1"

记忆法：①先闭眼回忆分镜画面（3分钟）；②对照文字复述画面细节（2分钟）；③闭目复现完整场景并出声背诵（1分钟）。

背诵讲究多感官多模态刺激，包括视觉、听觉、嗅觉、触觉共用。因此，当在背诵过程中遇到一些动词时，也可以让孩子增加一些肢体动作配合。例如，通过"振翅""跨坐"等动词激活身体记忆。

5.2 DeepSeek助力语文背诵的多样化应用

如果古诗或文言文比较晦涩难懂，也可以使用角色扮演的方式，请DeepSeek或豆包站在作者的角度，给孩子通俗易懂地详细讲解一下。

5.2.1 DeepSeek + 数字人智能体实现"穿越时空的对话"

选择豆包扮演李白，给孩子讲解一下《早发白帝城》这首诗的前两句。提示词如下：

"我是一名小学六年级学生，最近在学《早发白帝城》，但是我对这首诗的背景和意思不太理解。请你扮演唐代诗人李白，并站在作者本人的角度，用作者的口气，通俗易懂地为我细致讲一下《早发白帝城》中前两句诗的意思和背景。"

豆包：

"（轻抚长须，目光悠远）小友啊，这两句诗可是老头子我从鬼门关捡回来的欢喜！且听我细细道来——

那年安禄山起兵作乱，山河破碎如风中飘絮。我本想为朝廷效力，却被小人诬陷，贬去夜郎那荒蛮之地。（长叹一声）那日我戴枷乘船，逆长江而上，两岸猿猴哀啼，好似为我鸣咽。

忽闻一声惊雷破云——圣上大赦天下！我仰天大笑，震落了鬓边白发。（猛地挥袖）第二天清晨，我站在白帝城头，只见万丈霞光将整座城染成金色，云朵仿佛被神仙揉碎的锦缎，在脚下翻涌。

（突然击节而歌）你可知从白帝城到江陵足有千里之遥？可我那快船啊，就像

第 5 章　DeepSeek 提升语文背诵、英语记单词效率

离弦的箭，劈开粼粼波光。两岸青山来不及道别，就被抛在身后。耳边只听见猿猴在苍翠山间此起彼伏地啼叫，仿佛在为我送行。（眼中泛起泪光）这哪里是行船，分明是大鹏乘着清风，一日就飞回了人间啊！"

豆包的这段回复，简直把李白演活了，让人脑海里浮现出强烈的画面感，仿佛一个栩栩如生的李白数字人，呼之欲出。既然文字对话已经能达到如此生动的效果，那我们索性一不做二不休，把李白的数字人真正做出来。以下是操作步骤。

第一步，用 DeepSeek 生成文生图提示词。这里需要注意的是，后续生成数字人时，需要类似真人证件照一样的照片，否则验证不通过。而且，李白写《早发白帝城》时处在人生经历的重大转折时期，所以生成的形象应该更符合这个时期李白的特点，以免对孩子造成误导。参考提示词如下：

"我想用即梦 AI 生成适合小学生喜好的写实版李白形象，并且符合《早发白帝城》时期的李白形象。"

DeepSeek：

"58 岁中年男性，写实摄影风格，上半身正面照，唐制圆领右衽麻布长袍（青灰色 / 衣襟竹叶暗纹），内衬交领中衣（米白色棉麻质感），面部特征：灰白长须垂胸 / 剑眉星目 / 高颧骨 / 眼尾皱纹（带沧桑感但眼神明亮），自然光线下真实皮肤纹理（毛孔与须根可见），背景淡墨渲染三峡山水（彩云缭绕 / 轻舟虚化），左肩斜背竹制书箱（露出《早发白帝城》诗卷），腰间悬挂青铜酒壶（半满状态溅出水珠），暖金色晨光从右上方 45 度投射（在麻布纹理产生细腻高光），8K 超清分辨率，证件照比例 3:4，柔和红色渐变光晕环绕，适度柔化面部棱角 --v 5.2 --style realistic --seed 20250324"

第二步，打开即梦 AI 生成李白人物形象。在即梦 AI 中，选择的图片比例也应该是真人证件照的图片比例，如 3:4。将以上 DeepSeek 生成的提示词，复制到即梦 AI 中，生成图片即可。然后选择一张最接近李白证件照的图片。

第三步,制作数字人智能体。接下来,要使用一款新的 AI 应用——讯飞星火。使用讯飞星火更容易创建简单数字人智能体。步骤如下:

(1)点击讯飞星火界面右上角的加号,然后选择"新建智能体"选项,在底部弹出的菜单中选择"数字分身"选项。

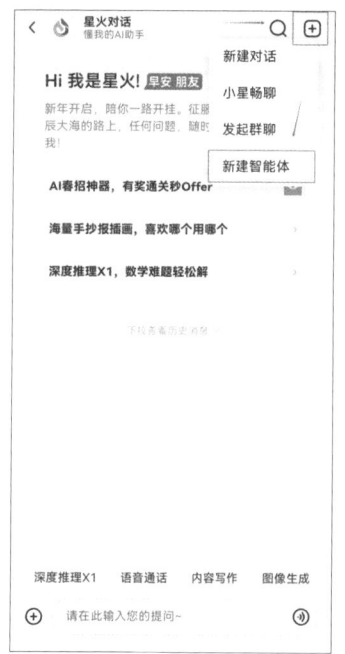
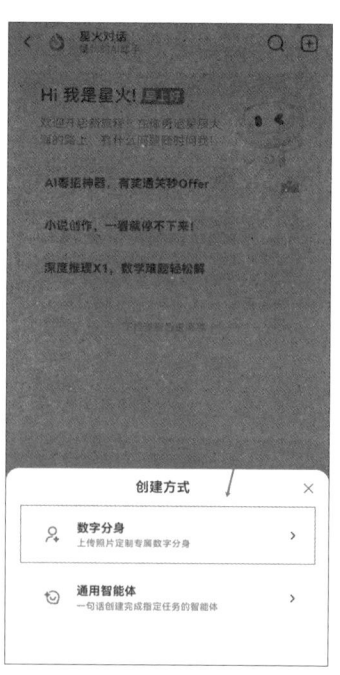

(2)点击"创建形象"按钮,此时不要拍照,而是上传第二步中即梦 AI 生成的李白证件照。

第 5 章　DeepSeek 提升语文背诵、英语记单词效率

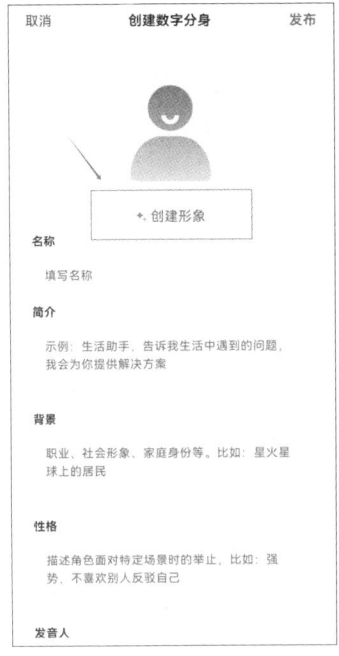
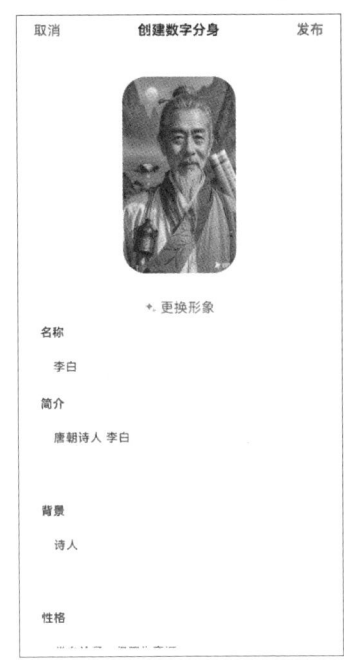

（3）简单填写李白的基本信息，选择匹配这个时期李白的声音，然后点击右上角的"发布"按钮。

发布后，在讯飞星火的"对话"界面中可以看到刚刚创建的数字人智能体。点开就可以让孩子与数字人李白进行一场穿越时空的对话了。开场提示词依然使用之前的提示词，通过语音录入即可。

> "我是一名小学六年级学生，最近在学《早发白帝城》，但是我对这首诗的背景和意思不太理解。请你扮演唐代诗人李白，并站在作者本人的角度，用作者的口气，通俗易懂地为我细致讲一下《早发白帝城》中前两句诗的意思和背景。"

这里需要注意的是，因为是在讯飞星火中创建的数字人智能体，所以数字人使用的大语言模型是讯飞星火。可能在对话效果上与豆包大模型存在差异。

目前，各大 AI 应用平台也都在纷纷加快推出数字人应用产品，所以，未来制作数字人将更容易，选择性更强。到那时，孩子们的学习场景可能会再次被颠覆。因此，当下无论是老师、家长还是学生，都要紧跟时代的发展，才能保证跟上时代，不掉队。

5.2.2　DeepSeek 助力语文背诵之多样化交叉学习

除了联想记忆，还有其他记忆方法，即多样化交叉学习。多样化交叉学习其实就是在不同情境下或结合不同的形式进行记忆。可以通过新鲜的事物和形式给予大脑更强烈的刺激，从而让印象更深刻，让记忆更牢固。

例如，在背诵古诗或课文的同时，可以尝试结合相关的历史背景、作者信息等进行深入理解，然后再背诵，这样效率也会提高。

以《悯农》这首诗为例，可以引导孩子通过了解作者生平来加深孩子对古诗内容的理解，从而达到加深记忆的效果。

可以使用以下提示词请 DeepSeek 介绍《悯农》这首诗作者的生平。

"我最近在学习《悯农》这首诗。通过学习，我感觉作者应该非常爱惜粮食。请你给我介绍一下悯农这首诗作者的生平。"

DeepSeek：

《悯农》的作者李绅（772—846 年）是唐代著名诗人与政治家，其生平经历充满戏剧性反差，既以悲悯农人的诗作闻名于世，又在仕途后期陷入奢靡争议。以下综合史料梳理其生平要点：

一、早年经历：寒门才子的觉醒

1. 家世与困境

李绅出身赵郡李氏南祖房，曾祖父李敬玄为唐高宗朝宰相，但父亲早逝导致家道中落。他自幼随母迁居无锡，生活清贫，母亲卢氏亲自教授经典。

2. 游学与创作

15 岁于无锡惠山寺读书，青年时期游历南北，目睹农民疾苦。27 岁赴京赶考途中作《悯农二首》，其中"锄禾日当午"和"春种一粒粟"成为千古名句，奠定其"悯农诗人"形象。

二、仕途沉浮：从清流到权臣

1. 科举与初入官场

元和元年（806 年）中进士，初任国子助教，后卷入节度使李锜叛乱事件，因拒附逆党险遭杀害，展现气节。

2. 新乐府运动先锋

与元稹、白居易交好，倡导"新乐府运动"，创作《新题乐府》二十首（已失传），主张诗歌应反映社会现实。其《莺莺歌》为元稹《莺莺传》的创作灵感来源。

3. 宦海巅峰与争议

宰相生涯：历任淮南节度使、中书侍郎等职，会昌二年（842年）拜相，封赵国公。

奢靡转变：官居高位后生活豪奢，野史记载其"一餐费数百贯"，甚至为食鸡舌日杀三百鸡，与早年诗作形成鲜明对比。

酷吏之名：晚年处理"吴湘案"时草菅人命，被指党争报复，死后遭朝廷追责"削绅三官，子孙不得仕"。

三、文学成就与历史评价

1. 诗歌的双重性

早期现实关怀：《悯农》揭露"四海无闲田，农夫犹饿死"的剥削现实，语言质朴震撼。

后期风格转变：贬谪后作品如《寒松赋》借物抒怀，风格趋于隐晦；晚年编《追昔游诗》，多追忆个人际遇。

2. 毁誉参半的历史定位

赞誉：新乐府运动先驱，与元稹、白居易并称"元白李"，诗作入选教材影响千年。

批判：刘禹锡以"司空见惯浑闲事"讽刺其奢靡，史书评其"为官酷暴"，成为士人反面教材。

四、轶事与争议

族叔自称"孙子"：发迹后要求同族长辈李元将自降辈分，显露傲慢。

强横待友：曾杖责同窗崔巡官，被讥"友人成囚徒"。

蝗灾谎言：任淮南节度使时谎报"蝗不食禾苗"，粉饰太平。

总结：理想与现实的撕裂

李绅的一生呈现知识分子在权力腐蚀下的蜕变：早年以《悯农》呐喊民生疾苦，晚年生活转变引发争议，史料记载其存在奢侈行为。他的诗作与人生轨迹，成为反思"初心坚守"与"人性异化"的典型案例。

从 DeepSeek 的反馈来看，早年写出《悯农》这首诗的作者，后期竟然沦为大贪官，生活极尽奢华。这种强烈的反转，会让学生对诗词内容、历史背景和人文社会都有更深入的理解。

5.2.3　豆包生成音乐助力多样化交叉学习

除了学习诗文的作者生平和历史背景等知识外，多样化交叉学习在学习形式上也可以更多样化。例如，5.1 节结尾提到可以引导学生在背诵课文或古诗时，根据剧情加入肢体动作。说到这儿，你联想到什么了？说唱！没错。你有没有想过，如果孩子可以把原本枯燥的课文或古诗词转为说唱，让孩子唱出来，演出来，会是怎样的情景？我发现我上初一的儿子在写作业时，也许是为了缓解枯燥，也许是进入心流状态，总之会时不时地在座椅上扭两下，唱两句。我 5 岁的小女儿，更是在家里一刻不停地唱自己胡编乱造的歌，还忘我地陶醉其中。但是，不知道从什么时候开始，孩子生活中的音乐元素越来越少。似乎音乐与学科学习之间本应存在一道不可跨越的鸿沟。

现在，让我们用 AI 重新将音乐拉进孩子的生活中，并让音乐和艺术成为助力孩子多样化学科学习的重要手段。以下是操作步骤。

第一步，可以尝试请 AI 将学生要背诵的古诗词或课文转为说唱，配上音乐和动

作。这次选择豆包,因为豆包自带 AI 生成音乐的功能。参考提示词如下:

"我想把《木兰辞》编成说唱,帮助我增加背诵的激情和趣味性。要求:不要改变原文,不要丢字落字。"

豆包:

前奏(双手举过头顶,模拟钟摆摇晃)

唧唧复唧唧 木兰当户织(双手掌心相对,快速开合模仿织布)

不闻机杼声(手指竖在唇边作"嘘"状)

唯闻女叹息(手托下巴作思考状)

阿爷无大儿(双手摊开摇头)

木兰无长兄(手指自己再摇头)

愿为市鞍马(双手比出骑马姿势)

从此替爷征(捶打胸口)

Verse 1(右手打拍子,左手模拟挥鞭)

东市买骏马(手指东方)

西市买鞍鞯(手指西方)

南市买辔头(手指南方)

北市买长鞭(手指北方)

旦辞爷娘去(挥手告别)

暮宿黄河边(蹲身抱膝)

不闻爷娘唤女声(双手掩耳摇头)

但闻黄河流水鸣溅溅(双手在胸前画波浪线)

……(后省略)

第二步,在豆包(电脑版)底部的输入框上方单击"音乐生成"按钮。

第三步,单击"歌词"按钮,然后选择"自定义歌词"选项,复制第一步中豆包自己生成的《木兰辞》提示词,粘贴进自定义歌词的编辑框中。需要注意的是,要去掉歌词后面的动作和每段歌词之间的分隔,仅剩歌词才行。

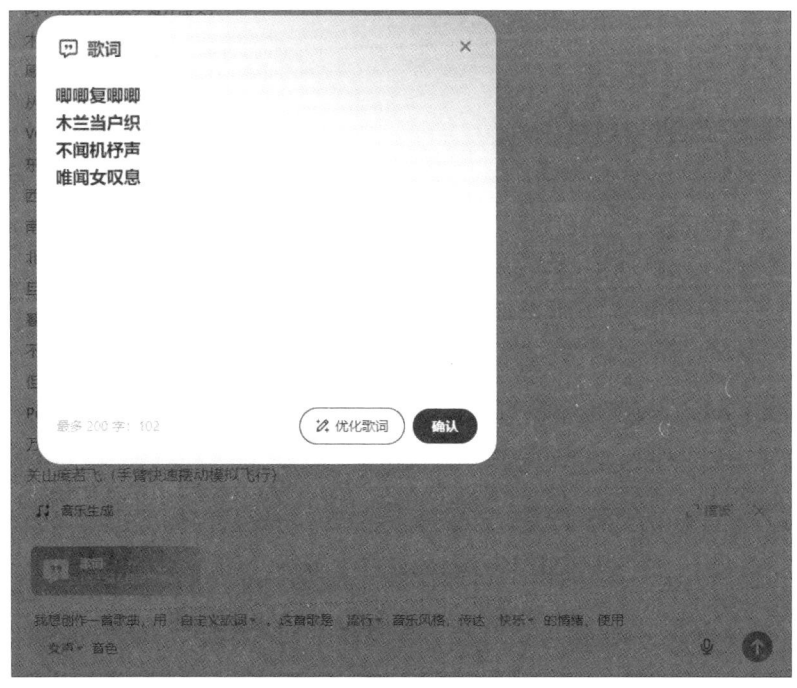

第四步,选择风格、情绪、音色,然后单击右下角的"发送"按钮。

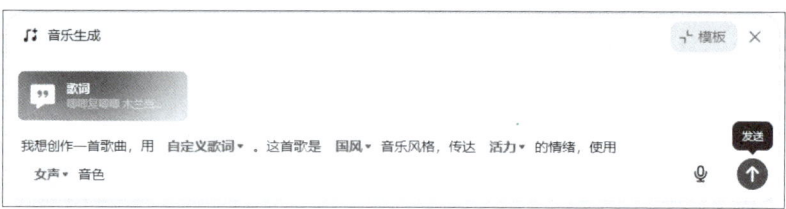

稍等片刻，恭喜你，你的第一个国风《木兰辞》音乐作品就诞生了。快和你的孩子一起分享并演绎一下吧！从此，让学习不再枯燥。当然，你也可以选择开一场家庭或班级演唱会。看看谁用 AI 生成的音乐更好，谁的演绎更到位。我忍不住再次感慨，现在的孩子真是赶上了好时候啊！

5.2.4　DeepSeek 助力语文背诵之生成思维导图

除了 DeepSeek + 豆包 + 即梦 AI 文生图的辅助之外，还有一种提高孩子记忆效率的方法——时间 / 空间连贯记忆。引导孩子按时间、空间顺序，或描述对象的转换顺序，拆解要背诵的古诗、文章，然后再按顺序分段背诵，让背诵更有条理。

例如，可以请 DeepSeek 帮忙梳理朱自清的《春》这篇文章中实物描写的顺序和逻辑。为了让 DeepSeek 梳理的结果更符合人脑思维的方式，还可以让 DeepSeek 按 Markdown 文档格式整理一份思维导图。然后可以配合专门的思维导图工具（如 XMind）帮孩子制作一份文章逻辑和关键词的思维导图辅助背诵。以下是操作步骤。

第一步，用以下提示词，请 DeepSeek 梳理朱自清的《春》中实物描写顺序和逻辑，并生成 Markdown 格式的思维导图。

"我在背诵朱自清的《春》这篇文章。你能按照文章中事物描写的顺序和逻辑，帮我生成一份 Markdown 格式的思维导图吗？要求：只返回 Markdown 内容，不要返回其他说明性文字。"

DeepSeek：

春（朱自清）
一、盼春
- **反复手法**："盼望着，盼望着"[6, 8]（@ref）
- **拟人意象**：东风报信、春天脚步拟人化[3, 5]（@ref）
- **全景扫描**：山朗润 / 水涨 / 太阳脸红[2, 5]（@ref）

二、绘春
1. 总体轮廓
- **苏醒意象**："刚睡醒的样子，欣欣然张开了眼"[6, 8]（@ref）
- **三元素递进**：山朗润→水涨→太阳脸红[2, 5]（@ref）

2. 春草图
- **特点**：嫩（质地）、绿（色泽）、多（长势）、软（触感）[2, 5]（@ref）
- **拟人修辞**："偷偷地钻"[6, 8]（@ref）
- **空间延展**：园子→田野→一大片[6, 8]（@ref）
- **动态场景**：坐 / 躺 / 打滚 / 踢球[6, 8]（@ref）

3. 春花图
- **果树争春**：桃红 / 杏粉 / 梨白[2, 5]（@ref）
- **野花散春**：杂样 / 眨眼 / 散落草丛[5, 6]（@ref）
- **通感运用**："花里带着甜味"（嗅觉→味觉）[2, 5]（@ref）

-**虚实结合**：闭眼联想果实 [2, 5]（@ref）

4.春风图
-**触觉**："像母亲的手抚摸" [6, 8]（@ref）
-**嗅觉**：泥土+青草+花香 [5, 6]（@ref）
-**听觉**：鸟笛应和/牧笛嘹亮 [5, 6]（@ref）
-**古诗引用**："吹面不寒杨柳风" [5, 6]（@ref）

5.春雨图
-**形态描写**：细（牛毛）/密（斜织）/亮（反光）[2, 5]（@ref）
-**蒙太奇镜头**：薄烟→撑伞→披蓑→静默草屋 [5, 6]（@ref）
-**光影对比**：黄晕灯光与青翠草木 [5, 6]（@ref）

6.迎春图
-**城乡联动**：家家户户/老老小小 [5, 6]（@ref）
-**动作描写**：舒活筋骨/抖擞精神 [5, 6]（@ref）
-**哲理点睛**："一年之计在于春" [5, 6]（@ref）

三、赞春
-**排比递进**：
    - 新（娃娃）→美（姑娘）→力（青年）[2, 5]（@ref）
    -"生长着、笑着、领着我们上前去" [6, 8]（@ref）

第二步，在电脑中单击"开始"菜单，在搜索框中输入"记事本"，打开空白记事本。

第 5 章　DeepSeek 提升语文背诵、英语记单词效率

第三步，复制第一步 DeepSeek 生成的 Markdown 内容，粘贴到记事本中，并将记事本保存为 .md 文件。

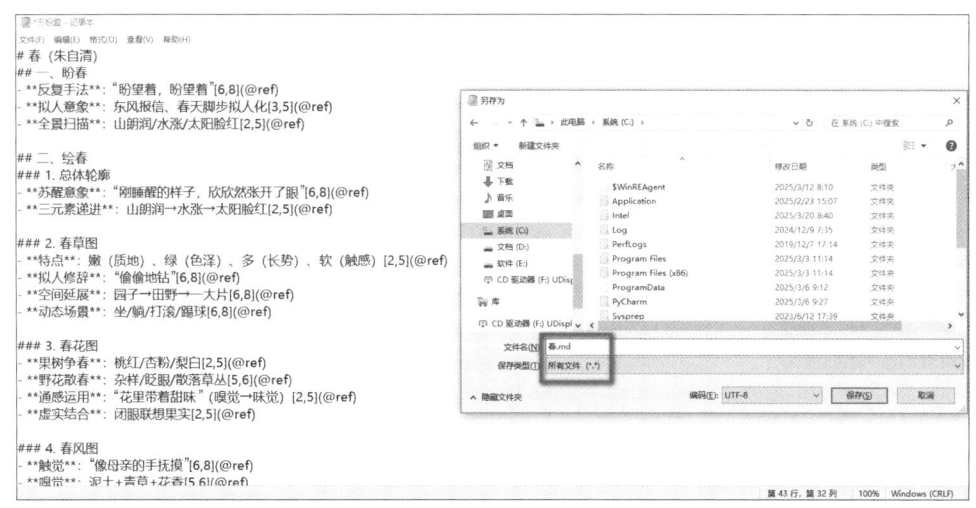

第四步，打开 XMind 软件，然后单击左上角的三点菜单图标，选择"文件"→"导入"→ Markdown 命令，选择上一步保存的 .md 文件即可生成思维导图。

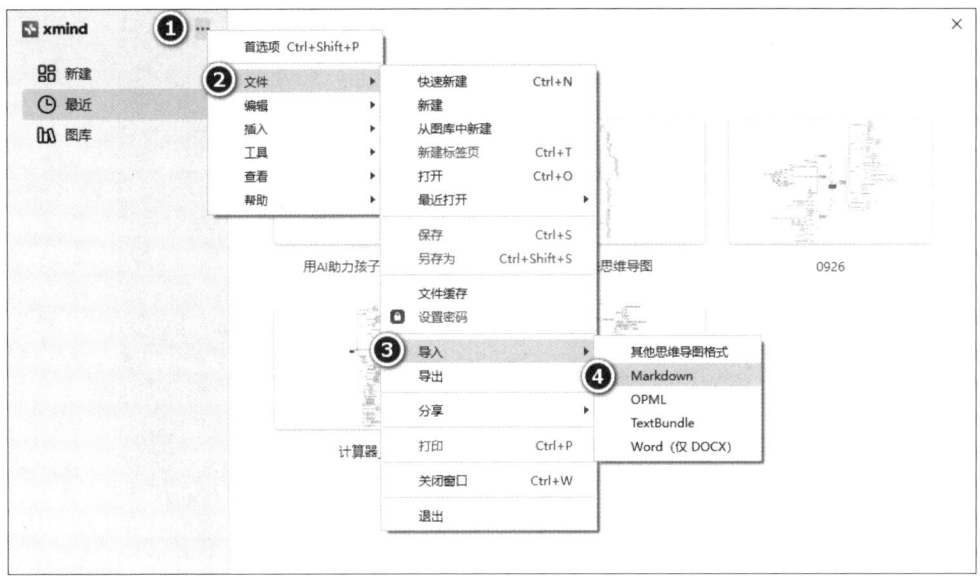

第五步，如果希望将所有分支整齐排列在同一侧，可按以下步骤修改结构。

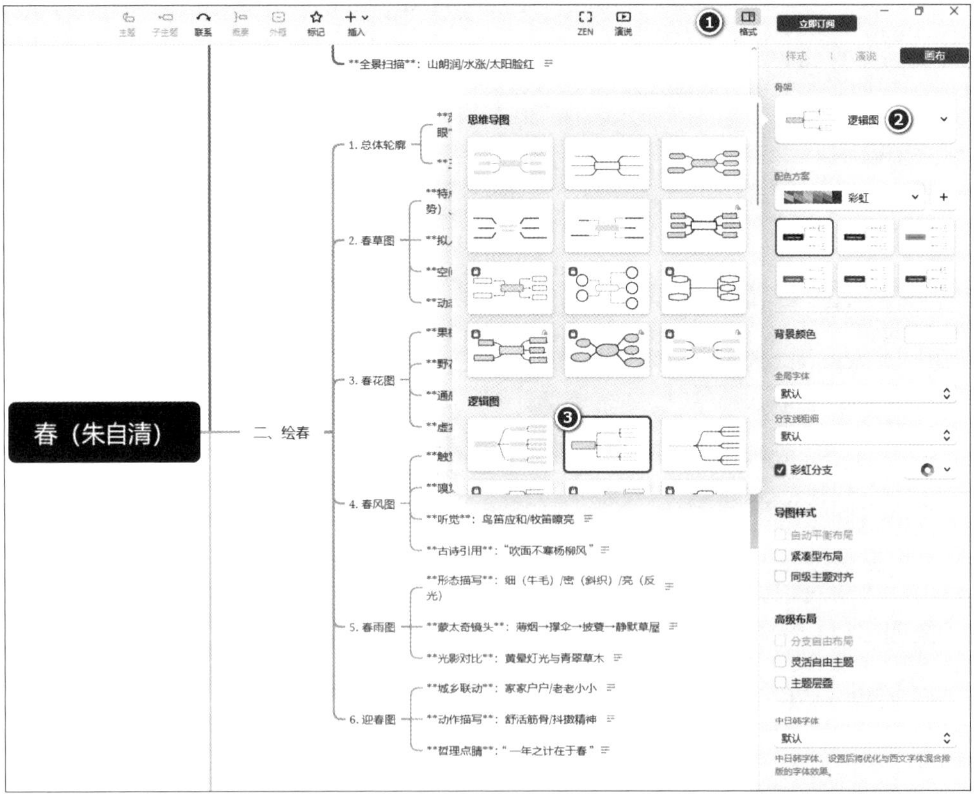

5.2.5　DeepSeek 助力语文背诵之自我测试与及时反馈

自我测试与即时反馈也可以提高孩子的记忆效率。通过自我测试，给大脑提供更多检索的机会。脑科学实验表明，只有让大脑检索知识，才能帮助大脑记得更牢固。例如，在背诵过程中，可以让孩子不断对自己进行分段背诵的测试，如提问自己或尝试默写。

因为豆包的语音互动功能更完善，所以选择豆包来完成该功能。例如，可以引导孩子使用以下提示词与豆包互动，以检验自己背诵的效果。

"我感觉朱自清的《春》这篇文章我已经完全背下来了。请你给我提几个问题，问题的答案要适合我用背诵的原文中的句子来回答你。要求：问题的答案必须是原文中的句子，不要仅回答关键词，不需要概括总结。"

豆包：

问题1：拟人手法

文中用拟人手法描写春花竞相开放的句子是哪一句？

答案原文：

"桃树、杏树、梨树，你不让我，我不让你，都开满了花赶趟儿。"

问题2：盼春核心句

请用原文写出"盼春"部分的核心句子。

答案原文：

"盼望着，盼望着，东风来了，春天的脚步近了。"

……（后省略）

接着，可以让孩子逐一回答豆包提出的问题，由豆包来进行评判。这样做的目的是检验孩子是否真正可以熟练背诵，而非仅仅"以为"自己背过了，从而避免出现"元认知偏差"。

此外，也可以让孩子直接向豆包背诵，由豆包来纠正错误。如果孩子在背诵过程中出现卡顿或遗忘，可以请豆包给予适当的提示。提示词如下：

"接下来，我背诵朱自清的《春》全文给你听。如果背错了，你最后再帮我纠正；如果中途我忘了，你帮我提示一下，但不要直接告诉我内容。"

豆包的反应可能是：

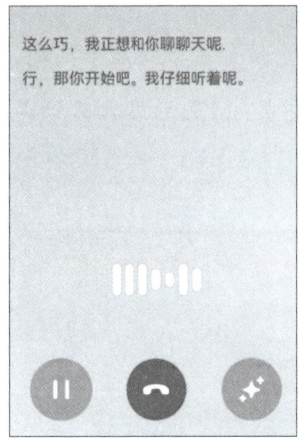
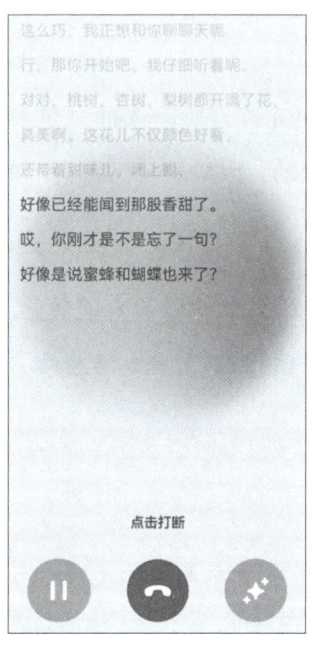
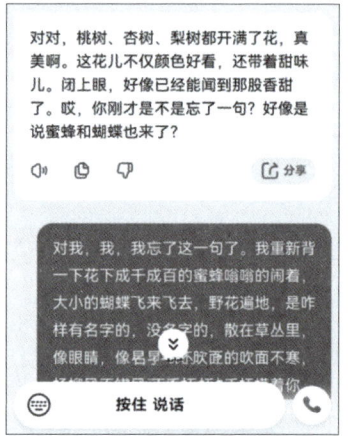

间隔重复与检索练习也可以提高孩子的记忆效率。间隔重复和检索练习也是为了给大脑提供更多的检索机会，只不过是隔段时间，短则十几分钟，长则可以隔一周再进行检索。这样可以让记忆更持久。例如，可以让孩子将课文分成若干部分，间隔一段时间进行复习，并尝试自己回忆内容。但是，这个过程就要人工完成了，AI 帮不上忙。不过，为了检测孩子的记忆效果，同样可以让孩子背诵给 AI 听，让 AI 帮助检测。

除了上述方法外，我们绝不能忽视一个关键因素：务必确保孩子合理休息并保持充足睡眠。这对大脑巩固记忆至关重要。实际上，在孩子进入深度睡眠阶段时，大脑会积极地整理和巩固记忆，从而显著提升记忆效果。当然，睡前可以让孩子尝试向自己的大脑发出一个指令："请帮我把刚才背诵的课文记住！"脑科学研究表明，这种做法似乎真的有助于巩固睡前记忆。因此，在孩子背诵完后，我们应合理安排其休息时间，避免因睡眠不足导致疲劳，进而影响第二天的学习状态，那可就得不偿失了。

著名的海马体记忆法，正是综合运用了我们前面提到的几种记忆方法。海马体作为大脑中的关键区域，承担着将瞬时记忆转化为长期记忆的重要任务。在记忆形成过程中，海马体如同一个转换站，接收来自大脑皮质的感官和知觉信息，并通过其独特机制，将这些信息编织成持久的记忆网络。例如，在背书时，运用海马体记忆法，结合关联记忆、重复练习和情感投入等技巧，并保证充足睡眠，记忆效果将更为显著。

5.3 AI 助力英语单词多模态记忆

不止语文有背诵，在英语学习中，背单词往往也是孩子们面临的一个挑战。幸运的是，AI 技术可以提供创新的方法来辅助孩子们更有效地记忆英语单词。例如，本节总结了 4 种 AI 可以辅助单词记忆的方法，包括联想记忆法、场景造句法、词根词缀学习法、用 AI 辅助听写法。接下来对其展开进行讲解。

5.3.1 智谱清言助力英语单词多模态联想记忆

1. 联想记忆法

可以让孩子利用 AI 生成与单词相关的图像或场景。AI 可以根据指定的单词找到适合的使用场景或词组，并生成相应的图片，帮助孩子形成视觉联想，从而更容易记住单词。

然而，为课文生成配图的要求相对较高，如图片需要与语义、环境、人物等高度契合。因此，完成这项任务通常需要借助 DeepSeek + 即梦 AI 等工具配合完成。相比之下，英语单词和句子的意义往往较为简单，且通常需要快速、随时随地生成相关图像，因此无须采用如此复杂的生成配图步骤。

鉴于此，我们尝试探索更多 AI 工具在教学中的应用可能。例如，本次我们选用智谱清言。智谱清言具备多模态能力，即能够同时生成文字和简单的图片。例如，可以使用以下提示词，让智谱清言为单词生成配图。

"帮我为单词 fluffy 生成配图，帮助我联想记忆，并在图片中显示单词 fluffy。"

2. 场景造句法

就像第 4 章中介绍的，DeepSeek 这类 AI 工具还可以帮助孩子生成与单词相关的句子来记忆单词。将单词放入实际使用的场景中，可以让孩子更好地理解单词的含义和用法。

3. 词根词缀学习法

通过学习单词的前缀和后缀，孩子可以更深入地理解单词的含义，并瞬间扩大自己的词汇量。AI 可以帮助孩子探索一个单词的前缀和后缀，以及它们的含义，更厉害的是，AI 可以瞬间根据词根、词缀扩展出同词根、同词缀的很多单词。

例如，可以使用以下提示词，让智谱清言帮孩子总结 pre 前缀的意思，以及典型的以 pre 开头的单词都有哪些。

> "很多单词都以 pre 开头，请帮我总结典型的以 pre 开头的单词都有哪些，并说明这些单词的意思与 pre 有什么关系。"

接下来可以根据智谱清言回答下方的推荐提问按钮，继续让智谱清言为每个英语单词造句。

第 5 章 DeepSeek 提升语文背诵、英语记单词效率

"pre-"是一个常见的英语前缀，源自拉丁语，表示"在前""预先""之前"的意思。以下是一些典型的以"pre"开头的单词，以及它们的意思和与"pre-"的关系：

1. Preclude - 防止，排除
- 关系：表示在某种情况发生之前就将其排除。

2. Predecessor - 前任，前辈
- 关系：指在某人或某事之前的人或物。

3. Predict - 预测
- 关系：表示在事件发生之前进行推测或预报。

4. Predispose - 使倾向于
- 关系：指在某种情况或行为发生之前就使其倾向于某一方面。

5. Preempt - 先发制人，取代
- 关系：表示在别人之前采取行动以阻止或

6. Prefer - 更喜欢
- 关系：虽然不太明显，但可以理解为在比较中选择之前就有的倾向。

7. Prefix - 前缀
- 关系：指加在单词前面的字母或组合，本身就是一个关于"前"的例子。

8. Premature - 早熟的，过早的
- 关系：表示在正常时间之前就发生或存在。

9. Preoccupy - 使全神贯注，占据
- 关系：指在处理其他事情之前就完全占据了某人的思想。

10. Prepare - 准备
- 关系：表示在某种活动或事件发生之前进行准备。

11. Prescribe - 开处方，规定
- 关系：医生在病人治疗之前开具的处方，或规定在某种行为之前应遵守的规则。

12. Present - 出现，呈现；礼物
- 关系：作为动词时，表示使某物出现在别人面前；作为名词时，"pre-"表示在某种场合之前就准备好的礼物。

13. Preserve - 保存，保护
- 关系：表示在变质或损坏之前就采取措施保护。

14. Preset - 预设
- 关系：表示在操作或使用之前就设置好的。

15. Prevent - 防止，预防
- 关系：表示在不良事件发生之前就采取措施阻止。

这些单词中的"pre-"前缀通常赋予了它们与时间顺序、优先级或预先行动相关的含义。通过理解"pre-"的含义，可以更容易地记忆和推测这些单词的意思。

的。

15. Prevent - 防止，预防
- 关系：表示在不良事件发生之前就采取措施阻止。

这些单词中的"pre-"前缀通常赋予了它们与时间顺序、优先级或预先行动相关的含义。通过理解"pre-"的含义，可以更容易地记忆和推测这些单词的意思。

这些单词在句子中怎么用？

还有其他以pre开头的单词吗？

pre-还有哪些含义？

093

怎么样？孩子背会一个单词，就等于同时掌握了众多同词根、同词缀的单词。这无疑是 10 倍速背单词的高效方法，简直如同"开挂"一般。

5.3.2　DeepSeek 助力英语单词听写

AI 技术还可以辅助孩子进行听写练习，这是提高单词记忆的有效方法。以下是操作步骤。

第一步，拍摄要听写的单词给豆包。可以配合以下提示词。

"这是我刚学完的英语单词，请为我听写这些单词。你读中文，我来写英文。你每读一个单词，都等我一下。我说'好了'，你再读下一个。"

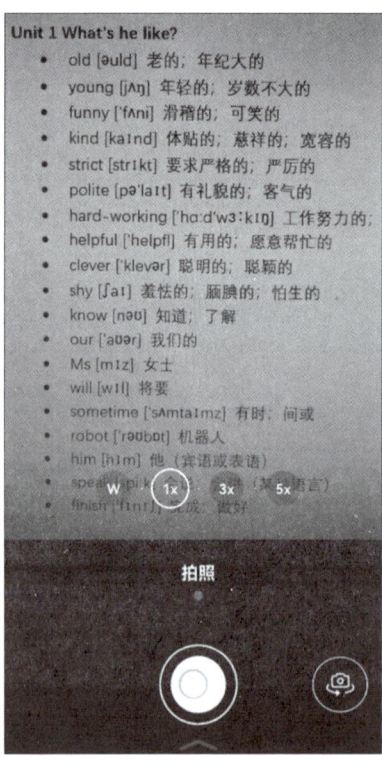 

第二步，播放 AI 朗读的单词，让孩子进行听写。

第三步，拍照孩子听写的结果，让 AI 检查，并纠正拼写错误。可以配合以下提示词。

"根据我上次上传的单词听写图片，检查本次上传的听写图片有没有错误。"

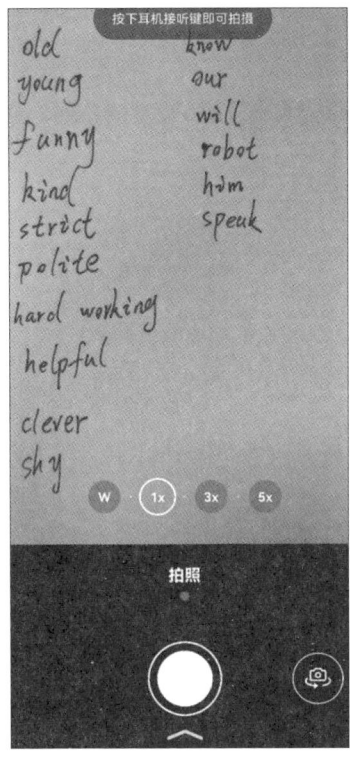

对于孩子来说，DeepSeek 等 AI 工具最重要的用途，就是一位 24 小时随时待命的、学识极其渊博的、十分耐心的专属 "1 对 1" 私教。在 DeepSeek 中，孩子可以毫无顾虑地尽情提问，不用担心被训斥或被轻视。即便孩子内心有所顾虑，害怕被看不起，DeepSeek 也能随时为孩子提供情绪支持，给予及时的安慰和开导。最重要的是，这样一位贴心的 "私人教练" 竟然是免费的。

第 6 章　DeepSeek 提升数学解题能力

6.1　数学：困扰家长与孩子的共同难题

数学学习的困扰，不仅是孩子的挑战，也是家长的难题。让我们一步步分析问题，并探索 AI 解决方案。

6.1.1　传统数学学习方法的困境

孩子在学习数学时，经常是一旦在某一个知识点遇到困难卡住，后续相关知识点的学习就会一步跟不上，步步跟不上。解题步骤也是，一步卡住，后面就做不出来，一步错，后面全错。

而家长，很多时候也对数学感到头疼，更别提如何教孩子找方法、建立思路了。即使有些家长有自己的方法，也可能并不适合孩子，导致教学效果不佳。例如，因小学数学教学大纲未涉及方程解法，所以有些题就算用方程解最方便，在教小学生时，也不能用解方程的办法。超前使用会导致认知脱节。因此，在日常辅导过程中，家长压力大，孩子压力更大。

在没有 AI 辅助之前，家长们为了攻克孩子的数学难题，尝试了各种办法。最常见的选择是报名辅导班，但无论是大班授课还是在线课程，往往都难以满足孩子的个性化需求，无法提供有针对性的教学和训练。而选择私教固然可以获取更个性化的指导，但高昂的费用让许多家长望而却步，通常只有在中高考前冲刺阶段，才会咬咬牙投入这笔费用。然而，孩子平时缺乏持续的积累，知识漏洞太多，仅靠最后的冲刺，效果终究是有限的。

更不可取的是题海战术。盲目地大量做题，不仅会浪费孩子宝贵的学习时间和休息时间,还可能磨灭孩子的学习兴趣。实际上,孩子真正需要反复训练的,只是那些尚未牢固掌握的、经常出错的或者感到困难的知识点和题型。

6.1.2　学霸秘籍:错题本

那么,有没有更好的解决方法呢?

其实,学霸们都有一个公开的秘籍——错题本。这为我们提供了一个思路。通过整理错题,孩子可以针对自己的薄弱环节进行个性化复习,提高学习效率。但错题本的整理过程确实费时费力,抄题更是浪费时间。一些家长采用剪卷子或利用错题打印机的方式来保存错题。但仅靠错题本仍有局限性。

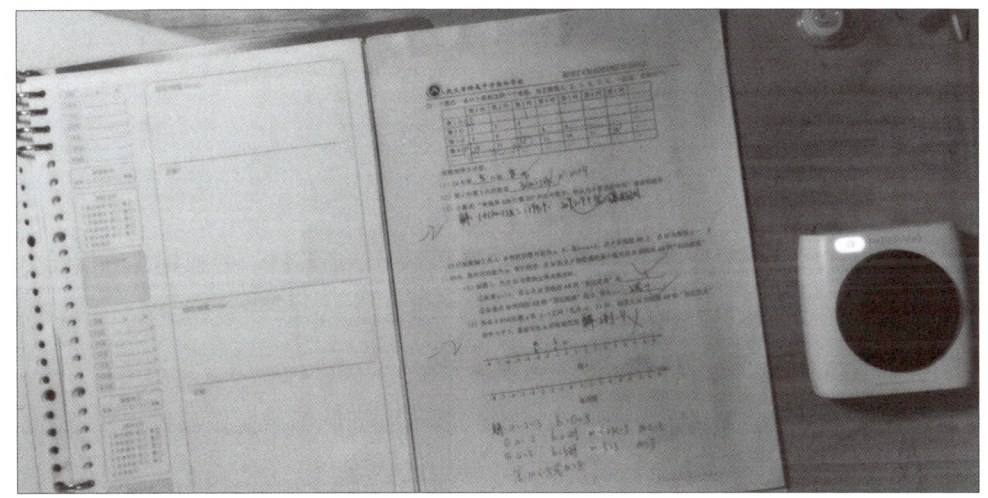

根据国际通行的教育研究标准,每个知识点,孩子至少连续做对10道题,才算真正掌握。而错题本只能帮助孩子复习已经做错的旧题目,无法提供同类型的新题进行评估和反复训练。这意味着,即使孩子总结了错题,也需要家长或孩子自己费力寻找其他相关题目进行练习,有时甚至找不到合适的题目。

幸运的是,市面上已经有一些拍照解题软件和学习机/学练机等工具,可以解决以上问题。拍照解题软件的优势包括:

(1)题库量大,能够覆盖大部分题目。

(2)题库中的大部分题目都配有解题过程,甚至配有视频讲解。

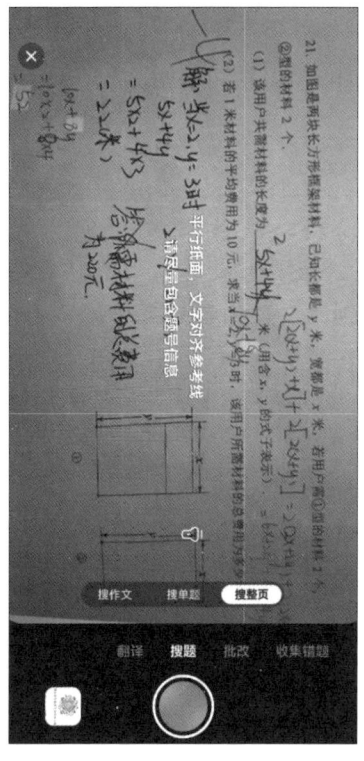
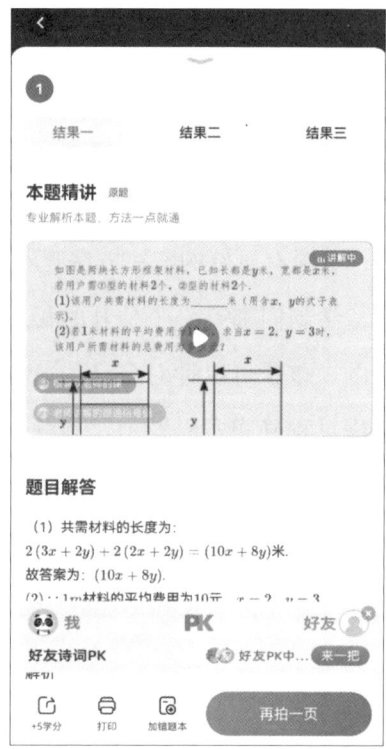

（3）拍照解题软件有举一反三的功能，可以基于一道错题，寻找到几道相同类型的新题给孩子测试，这其实就解决了孩子和家长找新题练习的一个大问题。

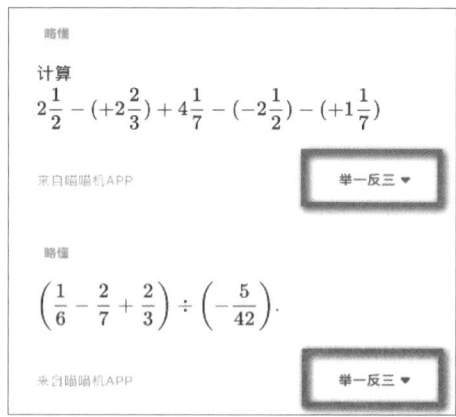

但是，拍照解题软件也有局限性。例如：

（1）题库无法覆盖所有题目，有时孩子拍一些新题目后，找不到匹配的解答。

（2）因为题量的限制，也不是每道题都有举一反三的扩展，尤其是有难度的题，反而扩展不多。

（3）题库中题目的解答，参差不齐，详略不一，无法做到针对孩子的要求和特点进行个性化的辅导。

这时，AI 技术就为我们提供了一个全新的解决方案。其实，无论是错题本，还是拍照解题软件，都有其不可替代的优势。我们非常建议大家多使用。只不过，他们的短板，就需要用 AI 来补足，并进一步强化。

6.2 DeepSeek + 错题本：助力追根溯源与查漏补缺

如果把错题本、AI 工具结合起来，可以更加精准地定位孩子的薄弱知识点，并让孩子有针对性地进行反复训练。

例如，我儿子刚上初一时，在数学上遇到了很大困难。面对这样的挑战，我意识到责备绝非明智之举。我应该成为与他共克难关的伙伴。于是，我开始尝试结合传统错题本与 AI 技术，为他打造一套个性化的数学解题辅助方案。

6.2.1 梳理错题本用法

我们先回顾一下传统错题本 + 拍照解题软件的使用过程，包含四步。

第一步，拍照打印错题。利用错题打印机，将试卷上的错题拍照、打印并粘贴到错题本上。

第二步，让孩子总结错题涉及的知识点和出错原因。

第三步，重做错题，梳理正确的解题步骤和思路。如果孩子暂时不会做，可以借助拍照解题软件，通过拍照错题并上传，寻求详细答案和视频讲解过程。

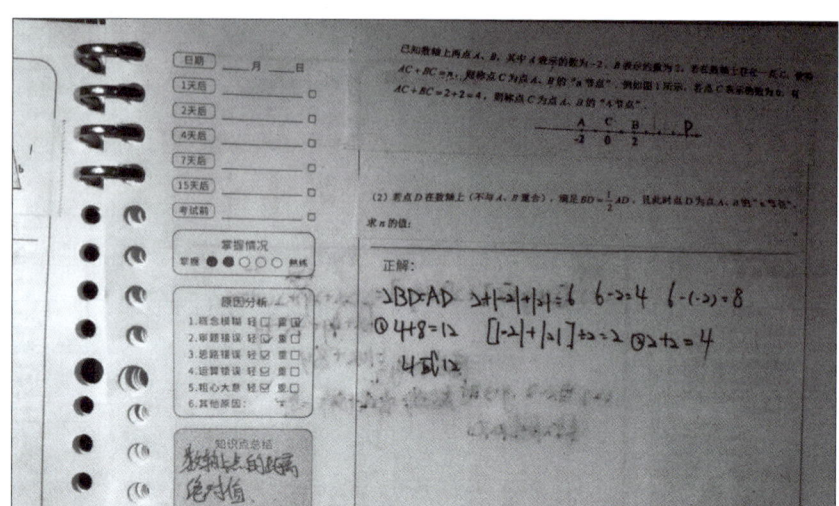

第四步，为了检查孩子是否确实掌握了当前错题涉及的知识点，可以进入拍照解题软件，在已拍照的错题下方，选择"举一反三"选项。拍照解题软件就能帮孩子推荐三道同类型题目。如果孩子连续做对三道题，就说明当前知识点已初步掌握。但后续仍需继续多做题，才能验证确实掌握。一旦孩子真正掌握一个知识点后，就可以少练或不练这个知识点了。如果孩子没有连续做对三道题，也没关系。只要后续针对同一知识点，或同一类题型反复举一反三，都会有所突破。

6.2.2　DeepSeek 精准定位漏洞

接下来在传统错题本 + 拍照解题软件的基础上，引入 AI 技术，为提升孩子数学解题能力持续助力。

先通过传统错题本或拍照解题软件，找出孩子最薄弱的知识点。例如，我儿子做错的很多题都涉及带负数的多项式运算。因此，可以用 DeepSeek 追溯带负数的多项式运算的所有前置知识点。提示词如下：

> "我家孩子现在上初一。他在带负数的多项式计算题上存在漏洞，总是出错。我如何从基础知识点开始向上逐级排查多项式计算所需的所有前置知识点，找到他的原始知识漏洞到底出现在以前学的哪些知识点上呢？"

第6章 DeepSeek 提升数学解题能力

DeepSeek：

根据孩子的计算问题，建议按照以下步骤从基础到进阶逐级排查多项式计算所需的前置知识点，重点聚焦负数相关概念的掌握情况。

第一阶段：负数运算基础

1. 负数加减法规则

- 问题点：是否理解"异号相减看绝对值大小决定符号"的规则。
- 排查方法：用纯数字算式（如 $(-3)+5=2$）测试符号处理能力。
- 关联知识点：两个负数相减结果为负，绝对值等于两数相减的绝对值。

2. 负数乘除法符号规则

- 问题点：是否掌握"负负得正，异号得负"的核心规则，如 $(-6) \div 3 = -2$。
- 排查方法：通过 $(-2) \times (-3) = 6$ 和 $(-6) \div 3 = -2$ 等题目验证。

第二阶段：单项式与多项式基础

3. 单项式系数与次数

- 问题点：是否明确带负号的系数（如 $-3x^2$ 的系数是 -3）和次数（次数为 2）。
- 排查方法：写出的系数和次数，观察是否误判符号或次数35。

4. 多项式项与次数识别

- 问题点：能否准确拆分带负号的项。例如，$-2x+3y$ 应拆分为 $-2x$ 和 $+3y$。
- 排查方法：用多项式要求标注每项的符号和次数35。

第三阶段：多项式运算核心规则

5. 去括号法则

- 关键漏洞点：括号前有负号时是否所有项都变号。例如，$-(2x-3y)=-2x+3y$。
- 典型错误：可能只改变首项符号，如误写为 $-2x-3y$。
- 排查方法：设计包含嵌套括号的题目，如 $-2[3a-(4b-5c)+6d]$。

6. 合并同类项时的符号处理

- 问题点：带负号的同类项合并是否准确。例如，$-4x+2x=-2x$（而非 $-6x$）。
- 排查方法：提供含多组符号变化的同类项，如 $5a^2b-3ab^2-a^2b+3ab^2=4a^2b$。

7. 多项式乘法中的符号传递

- 关键漏洞点：交叉相乘时符号是否连贯。例如，$(-x+2)(x-3) = -x^2 + 3x + 2x - 6$（中间项符号易错）。
- 排查方法：通过网格法或逐项乘法验证每一步的符号传递。

第四阶段：典型易错题针对性检测

8. 带负号的完全平方公式

- 典型错误：$(-a-b)^2$ 中可能漏掉中间项的负号，误算为 $a^2 - 2ab + b^2$（正确为 $a^2 + 2ab + b^2$）。
- 排查题目：计算 $(-2x+y)^2$，观察是否写成 $4x^2 + 4xy + y^2$（正确应为 $4x^2 - 4xy + y^2$）。

9. 分式运算中的符号连带性

- 问题点：分子整体带负号时是否正确处理。例如，$-(x+2)/3$ 误拆为 $-x/3 + 2$。
- 排查方法：设计分式与多项式混合运算。例如，$[2-(x-3)]/(x+1) = (-x+5)/(x+1)$。

排查工具与建议

（1）错题归类表：将孩子的错题按上述分类标注，统计各环节错误频率。

（2）回溯性测试：从纯负数运算题开始逐步增加复杂度，定位首个出错环节。

（3）可视化辅助：用数轴演示负数运算，用颜色区分正负项（如正项标蓝、负项标红）。

（4）分步拆解法：要求孩子在计算过程中写下每一步的变形依据（如"去括号：负号作用于所有项"）。

通过系统排查，通常可以发现原始漏洞多集中在负数符号的连贯性处理（如去括号时部分项漏变号）或单项式系数的符号归属判断上。建议针对薄弱环节用乘法分配律专项练习和符号强化题进行突破。

例如，针对多项式运算，可以从未知数值为负数的多项式计算开始，逐渐增加到带小括号、绝对值、两个未知数等更复杂的计算。

第 6 章　DeepSeek 提升数学解题能力

DeepSeek 的优势其实就是在数学和推理方面。因此，DeepSeek 的回复非常科学，并且具有可操作性。DeepSeek 在回复的最后，还帮我们总结了一条针对孩子薄弱环节的清晰的检查路线。接下来，我们就可以按照这条检查路线，排查孩子到底在哪个层级的知识点上出现了漏洞。

例如，可以先排查孩子在"第一阶段：负数运算基础"这一层级的知识点上是否存在漏洞，可以请 DeepSeek 继续基于第一阶段中的第一个知识点"负数加减法规则"出 5 道题，让孩子做一个测试。提示词如下：

"请针对以上第一阶段中第一个知识点'负数加减法规则'，帮我出 5 道测试题。先不要给我答案。"

DeepSeek 的回复如下：

测试题1：同号相加
计算：$(-8) + (-5) =$
（考查两个负数相加的符号与绝对值处理）

测试题2：异号相减
计算：$(-7) + 3 =$
（观察是否理解"取绝对值较大数的符号"规则）

测试题3：带括号的减法
计算：$4 - (-6) =$
（检测是否掌握"减负数等于加正数"的转化能力）

测试题4：连续混合运算
计算：$(-9) + 5 - (-2) - 3 =$
（综合考查符号连贯性，尤其是去括号后的符号变化）

测试题5：实际应用问题
某地早晨温度是 $-5℃$，中午上升了 $8℃$，傍晚又下降了 $3℃$。傍晚温度是多少？
（结合生活场景，验证符号与运算顺序的理解）

孩子做完测试后，家长可以用手机将孩子做的题拍照发给 DeepSeek 评判。如果孩子没有全部做对，说明孩子没有掌握这一知识点。那么可以让 DeepSeek 继续出 10 道题，让孩子进行专项训练；如果孩子全部做对了，可以沿着 DeepSeek 之前梳理出的知识点排查顺序，逐级排查。当发现孩子在某个层级的知识点上存在漏洞时，就及时用 DeepSeek 生成 10 道测试题，进行针对性训练。以此类推，可以从根源上帮孩子夯实基础，避免后续学习过程中因为基础问题因小失大。

针对低龄的孩子，为了避免反复针对性训练的枯燥，家长可以将 DeepSeek 出题测验和针对性训练的过程设计为游戏方式。例如，根据 DeepSeek 返回的知识点排查阶段和要排查的知识点数量，家长可以设置同样数量的游戏关卡。孩子每通过一关针对性训练和测验，家长就给予一定的奖励。这样，通过游戏通关的方式，可以激发孩子的胜负欲，让孩子更容易配合针对性的查漏补缺训练。

其实，在一线的数学教学中可以发现，基础有漏洞的孩子，他们的直接表现并不一定是成绩差，而是成绩不稳定，他们的成绩可能在 70~90 分浮动。这时家长一定不要大意，认为孩子是"发挥失常"或"粗心大意"。要想让孩子的成绩稳定在 90 分以上，尤其在中高考这样的关键考试中稳定发挥，尽早系统地排查漏洞才是最可靠的办法。而以上演示的，就是用 DeepSeek 帮孩子排查漏洞、弥补漏洞的过程。

另外，提升孩子数学解题能力，还有一项重要的评判指标，就是孩子解题的步骤是否系统、是否完整。有些孩子甚至家长都觉得，只要能口算出来，就不用写详细步骤。其实这是非常危险的认知。中小学数学新课标中明确规定：要侧重培养孩子分析问题、解决问题的能力。那么，何为分析问题和解决问题呢？其实就是，遇到一道题之后，能够将题目拆解为系统的解题步骤，并调取所学知识，将解题步骤落地执行。

如果孩子的解题步骤存在跳跃，这反映出其思维本身缺乏系统性。而这种不系统的思维模式，会直接导致孩子解题的正确率极不稳定。尤其在面对压轴题时，一旦第一问出错，就可能引发连锁反应，导致后续问题全军覆没。而此时，孩子和家长往往容易将问题归咎于"粗心"，从而掩盖了问题的本质。

那么，该如何帮助孩子获得系统化的解题步骤呢？这时，拍照解题软件的局限性就暴露出来了。这类软件提供的解题步骤常常是跳跃的，似乎默认孩子已经掌握了某些基础知识，所以会省略一些中间步骤。因此，帮助孩子获取完整且系统化的解题步骤的最佳方式，还是借助 DeepSeek。

例如，孩子每做错一道题，就可以拍照发给 DeepSeek，请求其提供系统化的解题步骤和详细讲解。通过这种方式，可以精准排查孩子到底是哪一步因思维跳跃或省略步骤而导致整道题出错，从而从根本上解决问题。

第 6 章　DeepSeek 提升数学解题能力

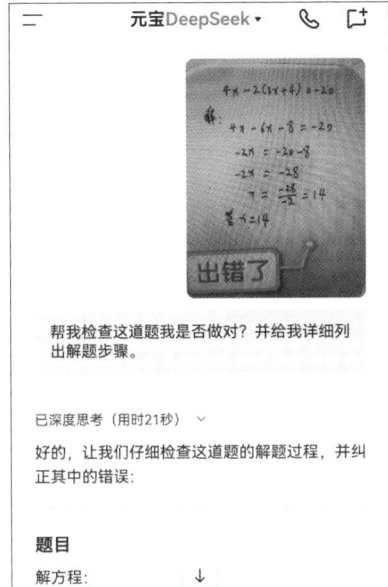

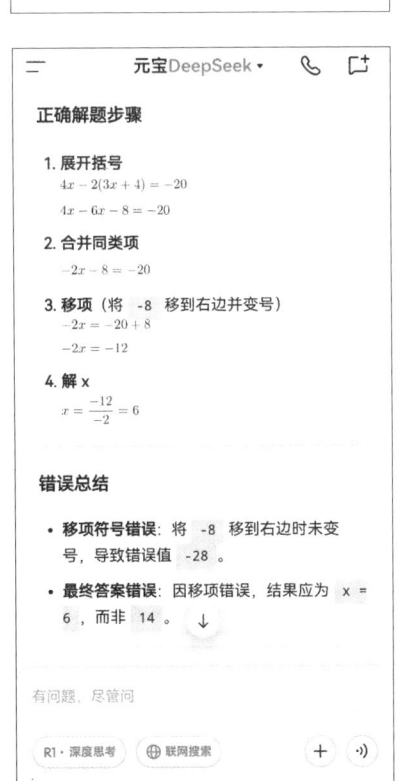

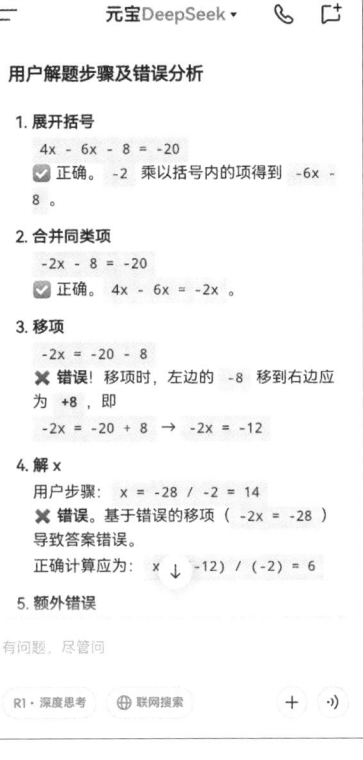

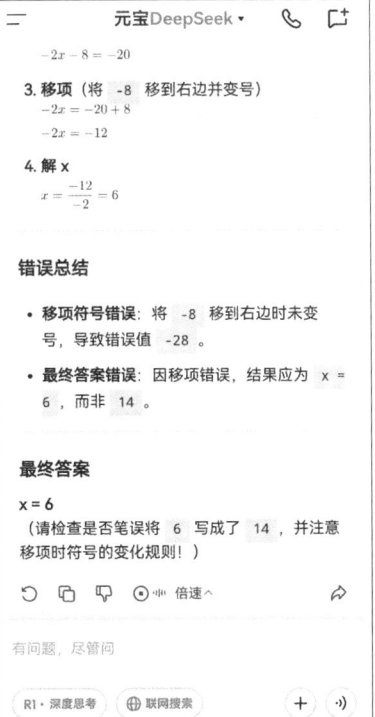

DeepSeek 玩转中小学人工智能

如果因为拍照解题软件中某类题型数量不足，导致举一反三的效果不理想，还可以请 DeepSeek 先学习，再帮孩子扩展一些同类型新题。以下是操作步骤。

第一步，先拍照期望举一反三的题型，让 DeepSeek 先学习。提示词如下：

"这是孩子做错的一道题，请你先学习这道题的题型和内容，然后再帮我生成 3 道类似的题目，不用给出答案。"

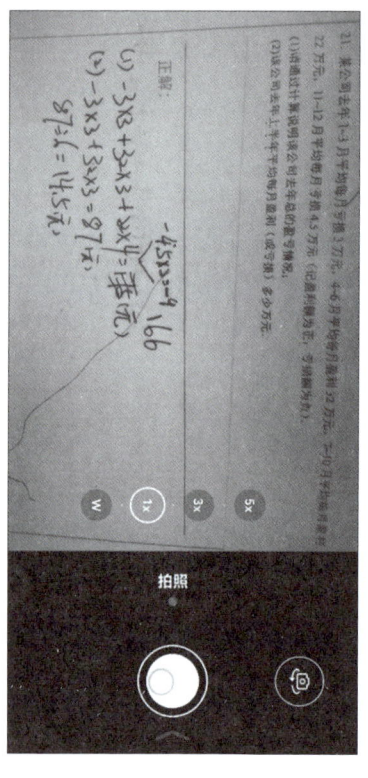

6.3 AI 面对图形相关数学题时的局限

在 6.2 节中，领略了 AI 提升数学解题能力的强大优势。但是，大家是否注意到，我让 AI 识别和生成的题目，都是不带图的题。我刻意回避了一类题型，就是带图的数学题，包括数轴题、几何题。这是因为，现阶段，几乎所有的 AI 工具，在读几何图、绘制几何图时都存在不足。本节就向大家如实呈现一下当前 AI 面对带图的数学题时的现状，并给出应对方法。

6.3.1 DeepSeek 尝试解析带图的数学题

一类相对简单的带图的数学题就是数轴题。以数轴题为例，仅仅是让 DeepSeek 识别数轴上点的大小关系，准确率就已经较低了。

例如，以下我拍照的数轴绝对值题目，可以将其发送给 DeepSeek 进行解答。提示词如下：

"这是我做错的数轴题，请你先识别数轴上 a、b、c、0 这 4 个点的大小关系，然后识别题目中需要我化简的算式，最后再帮我检查我错在哪儿了，并给我详细讲讲这道题的解题步骤。"

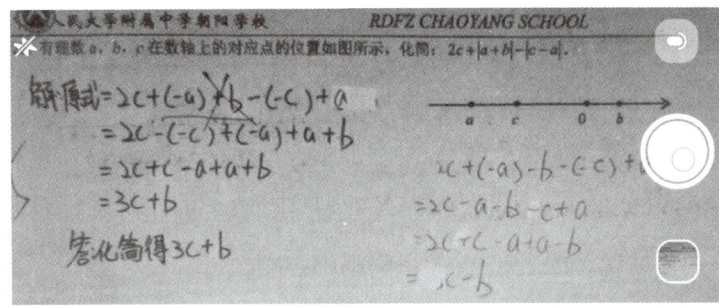

DeepSeek 的回复如下：

第一步：识别数轴上各点的大小关系

根据数轴标注（从左到右依次为 a、c、0、b），可得出：
$a < c < 0 < b$

- a 和 c 是负数（a 更远离原点），b 是正数。

第二步：明确题目要求化简的表达式

题目要求化简的表达式为：
$2c + |a + b| - |c - a|$

第三步：分析你的错误

（省略中间内容）

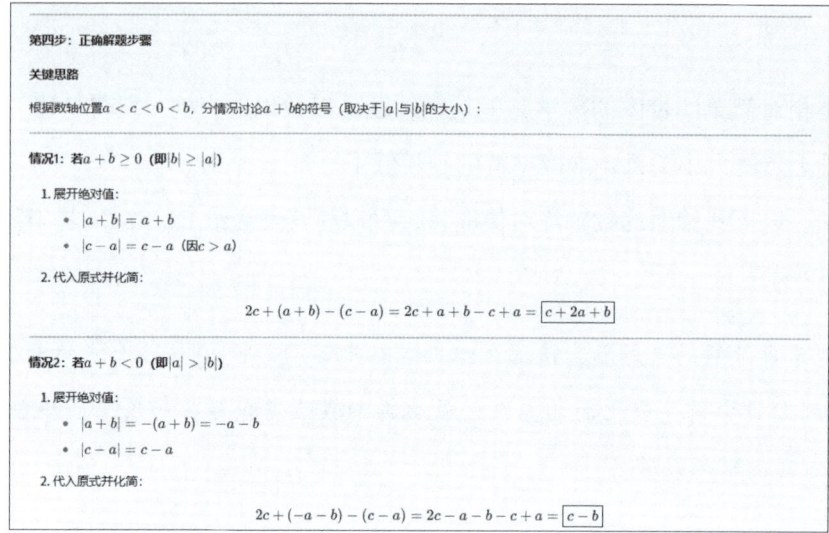

DeepSeek 顺利完成了前两项任务，识别 a、b、c、0 这 4 个点的大小关系及要化简的算式。但是，在正确解题步骤中出现了情况 1 和情况 2，这就错了。我们可以通过数轴清晰地看出 a 的绝对值大于 b 的绝对值。又因为 a 负 b 正，所以 $a+b$ 肯定 < 0，不存在 $a+b \geq 0$ 的情况。DeepSeek 忽视了数轴显示的 $|a|>|b|$ 这一显性条件。由此可见，即使是再简单的数轴题，DeepSeek 的识别也未必准确。

6.3.2 豆包解析带图的数学题时的表现

本小节更换为豆包进行试验，同样的图片，同样的提示词，豆包的回复如下：

第 6 章 DeepSeek 提升数学解题能力

> **2. 代入化简：**
> $$2c + |a+b| - |c-a| = 2c + (-a-b) - (c-a)$$
> $$= 2c - a - b - c + a$$
> $$= (2c - c) + (-a + a) - b$$
> $$= c - b$$
>
> **总结**
> 化简绝对值时，需先根据数轴判断表达式正负，再去绝对值符号（正数直接保留，负数取相反数），最后合并同类项。

可以发现，与 DeepSeek 不同，豆包正确地处理了 $|a|>|b|$ 的条件，并且一次做对。由此可见，在解答带图的数学题时，豆包可能比 DeepSeek 读图更准确。

虽然之前章节中的 AI 生图功能很强大，但是现在让 AI 准确画一个数轴也很难实现。例如，我让豆包根据以上题目，帮我举一反三。提示词如下：

"帮我举一反三，再出 1 道同类型的根据数轴化简算式的题目，并画出数轴。"

豆包的回复如下：

> **题目**
> 有理数 a、b、c 在数轴上的对应点位置如下，化简：$3a - |b - a| + |c + b|$。
>
> **数轴绘制**
> 1. 画一条水平数轴，标注原点 0；
> 2. 从左到右依次标注 b、a、0、c，且满足 $b < a < 0 < c$，同时 $|b| > |c|$（即 b 到 0 的距离大于 c 到 0 的距离）。
>
> 后续若需要解答过程，可随时告知，我会详细分析化简步骤哦~

我们注意到豆包并没有直接给出数轴图像，而是通过语言描述了数轴的关键信息，这似乎是在引导我自己动手绘制。不过，豆包提供的关键信息还算完整，凭借这些信息，自己画出数轴也并无大碍。

接下来，我们尝试换一种相对复杂的题目类型——角度题，看看豆包能否顺利解析题目并给出正确答案。下面我拍照的这道题既包含角度计算，又包含多个小问，难度应该不低。提示词如下：

"这是一道我做错的题目，请帮我详细讲解一下这道题。"

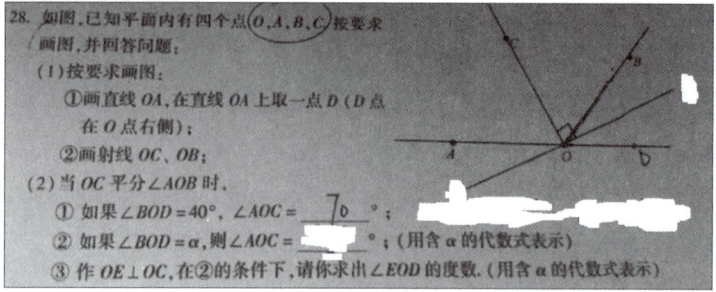

豆包的回复如下：

[省略第（1）问画图]

(2) 角度计算

① 当 $\angle BOD = 40°$ 时，求 $\angle AOC$

- 因为 OA 为直线（平角为 $180°$），所以 $\angle AOB + \angle BOD = 180°$，得：
  $\angle AOB = 180° - 40° = 140°$。
- 又因为 OC 平分 $\angle AOB$，根据角平分线定义：$\angle AOC = \frac{1}{2}\angle AOB = \frac{1}{2} \times 140° = 70°$。

② 当 $\angle BOD = \alpha$ 时，求 $\angle AOC$

- 同理，$\angle AOB = 180° - \alpha$。
- 由 OC 平分 $\angle AOB$，得：$\angle AOC = \frac{1}{2}\angle AOB = \frac{180° - \alpha}{2}$。

③ 作 $OE \perp OC$，求 $\angle EOD$（用含 α 的代数式表示）

- 因为 $OE \perp OC$，根据垂直定义：$\angle EOC = 90°$。
- 由②知 $\angle COB = \angle AOC = \frac{180° - \alpha}{2}$。
- $\angle EOD = \angle EOC + \angle COB$，代入得：
  $\angle EOD = 90° + \frac{180° - \alpha}{2} = \frac{180° + 180° - \alpha}{2} = \frac{360° - \alpha}{2} = 180° - \frac{\alpha}{2}$。

豆包虽然正确回答了一种情况，但遗漏了另一种情况。题目要求"作 $OE \perp OC$"，这意味着需要考虑 OE 射线在直线 AD 上方和下方的两种可能性。一种情况是 OE 射线位于 $\angle BOD$ 内部，另一种情况是 OE 射线在直线 AD 的下方。然而，豆包仅分析了其中一种情况。

6.3.3　智谱清言解答带图的数学题时的表现

本小节对于前面所讲述的两道题，尝试用智谱清言识图并解答一下。因为数学解题能力也是智谱清言的专长。直接点击智谱清言下方的"拍照解读"按钮，然后

拍照即可，无须提示词，然后点击"解答题目"按钮。

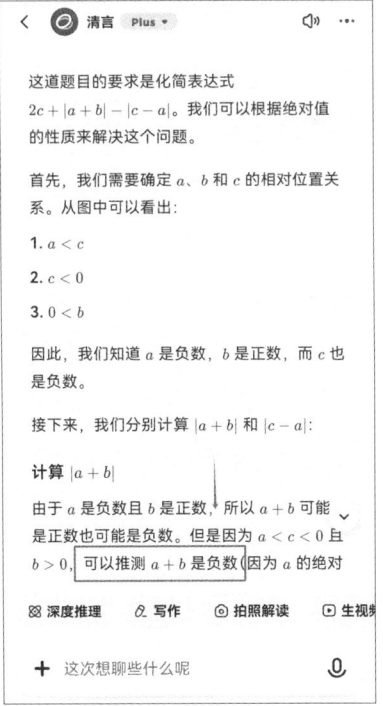
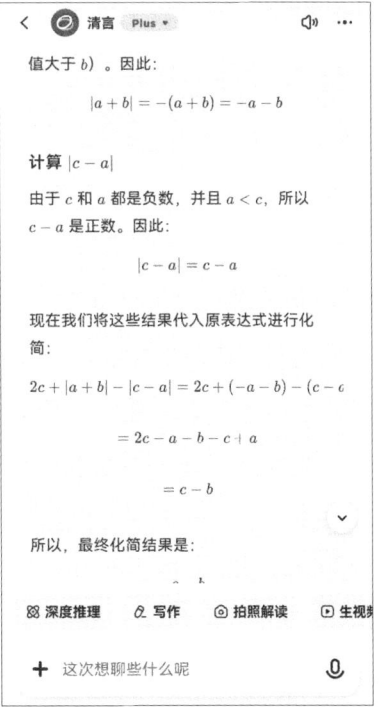

可以发现智谱清言通过更简单的推理过程，正确地解答了数轴绝对值类型的数学题。接下来，让智谱清言解答一下角度题。

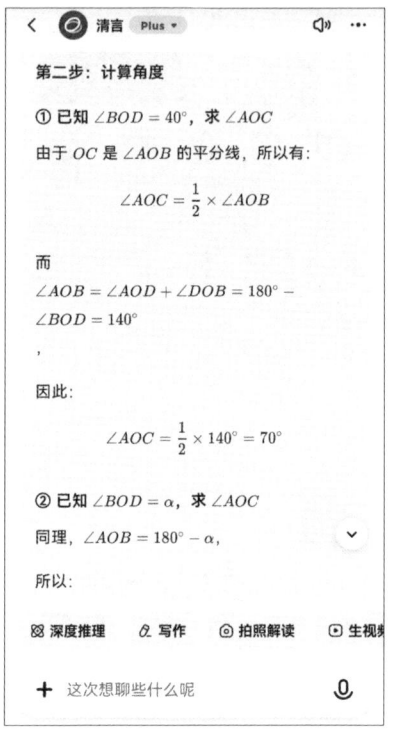
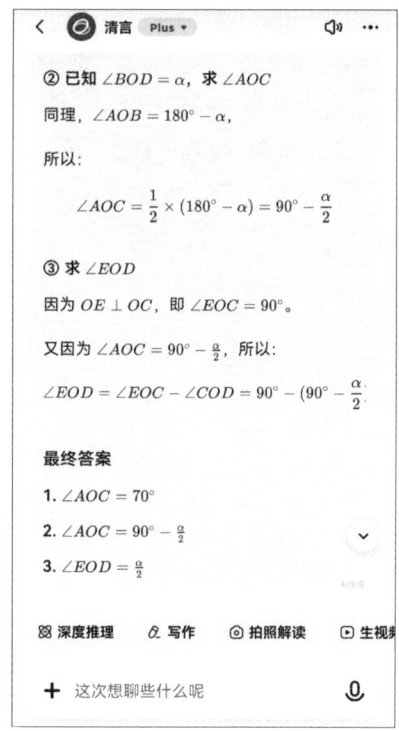

可以发现智谱清言刚好补充回答了豆包缺少的另外一种情况，也就是 OE 射线夹在 $\angle BOD$ 之间的情况。但是，也只回答了一种情况。

由此可见，在解答复杂的或带图的数学题目时，建议大家结合使用多种 AI 工具，通过相互补充，为孩子全面解答题目的多种情况。

总的来说，现阶段的 AI 在处理带图的数学题时，无论是识别还是解题，准确度都较低，更别提生成带图的新题目了。在这种情况下，我们只能退而求其次，选择使用拍照解题软件来寻找相同或相似的题目。

然而，现在做不到，并不意味着将来也无法实现。目前大模型技术发展迅猛，解决这一问题只是时间早晚的问题。因此，大家平时可以多关注 AI 工具发展的相关新闻资讯。

6.4　DeepSeek 弥补传统错题本的不足

现在很多拍照解题软件和学习机都内置了电子错题本功能，这些工具能够帮助孩子更高效地整理和复习错题。

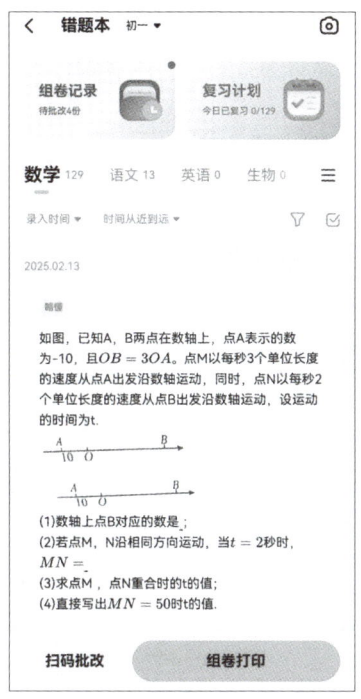

那么，有了电子错题本，孩子是否还需要纸质错题本呢？我们可以分析一下两种错题本各自的优势。

6.4.1　电子错题本与纸质错题本

1. 电子错题本的优势

（1）收录效率极高：通过拍照、扫描实现秒级录入，比手抄节省 90% 时间。

（2）查找效率极高：智能分类功能可按学科、章节、错误类型、时间阶段自动归档和分类检索。

（3）举一反三效率极高：能快速检测薄弱环节掌握程度，并给出举一反三题目。

（4）智能提醒：在选择拍照解题软件或学习机时，可以特别关注一下是否具有错题复习智能提醒功能，即是否根据艾宾浩斯记忆曲线推送待复习题目。

（5）实时同步：家长可通过 App 实时查看孩子学习进展，实时综合掌握孩子学习情况。

（6）尤其适用于中学生：中学阶段错题量激增（初中年均错题量可达 1000+），手工整理错题远跟不上孩子需要补漏洞的速度。所以，电子化错题管理是刚需。

2. 纸质错题本依然不可替代

（1）持续训练手写答题的感觉：无论哪个年级的学生，面对的所有学校考试，都是使用纸质试卷，手写答题。因此，日常还是要训练孩子的手写答题能力。

（2）记忆留存度高：俗话说"好记性不如烂笔头"。研究也表明手写错题解析过程，能强化记忆与内容的关联，手写比打字记忆留存率至少高 30%。

因此，建议大家结合使用电子错题本和纸质错题本。对于小学一到四年级的学生，如果每天整理错题的时间较少，可以优先甚至全部使用纸质错题本，以培养孩子手写答题和总结归纳的习惯与能力。到了小学高年级，随着错题数量增多，若平均每天整理错题的时间超过 20 分钟，建议采用电子错题本收集和分类整理错题，便于快速检索和分析孩子的学习情况。不过，对于数学中的重难点题目，依然建议使用纸质错题本进行专门整理，因为孩子手写解题的过程也是训练思维能力的重要手段。

在实际使用中，我发现市面上的电子错题本虽然功能强大，但大多是面向大众的通用功能。每个孩子的学习情况和知识漏洞都不同，因此对应的错题归类、查找和分析原则也各不相同。例如，一些电子错题本只能按科目和时间分类，暂时没有提供按知识点分类的功能。如果能进一步优化这些功能，将更好地满足孩子个性化学习的需求。

6.4.2　运用 DeepSeek 自定义个性化电子错题本

这时，就需要家长利用 DeepSeek 弥补这种更个性化更细致的错题整理需求。家长可以在电脑上自己创建电子文档或表格。然后，每次用 DeepSeek 拍照错题时，请DeepSeek 顺便分析错题的知识点。最后，家长可以根据自己孩子个性化的漏洞分类，将题目放入对应的电子文档或表格中。具体步骤如下：

第一步，将错题拍照发给 DeepSeek，并让 DeepSeek 总结错题中涉及的中小学知识点。提示词如下：

"这是我做错的两道题目，请帮我分析这两道错题分别属于小学阶段的哪类知识点。"

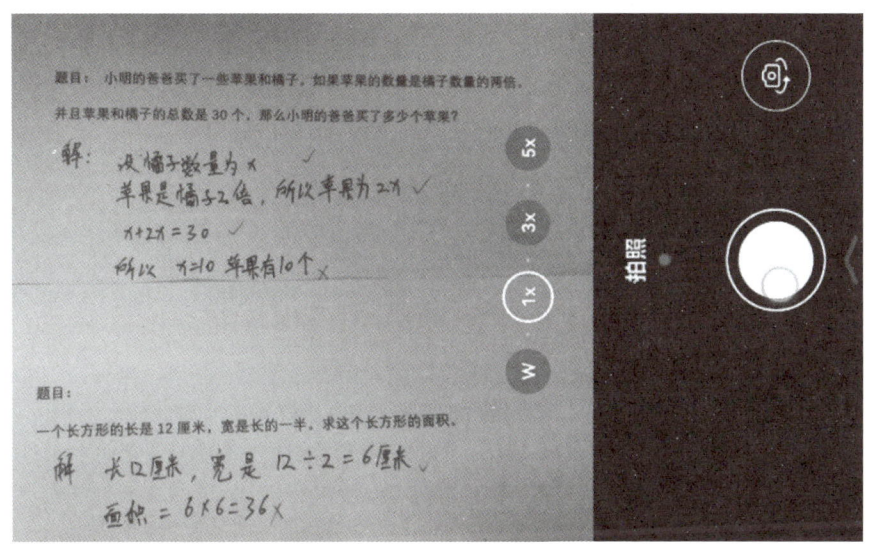

DeepSeek：

第一题：苹果与橘子数量问题

知识点归类：小学五年级"数与代数"领域

　　具体类别：倍数关系应用题

　　课标对应：人教版五年级上册"简易方程"单元，重点训练用字母表示数量关系（如苹果是橘子的 2 倍，则苹果 =2× 橘子）

错误分析

（1）方程建立正确：设橘子为 x，苹果为 $2x$，总数为 $x+2x=30$，符合题意

（2）计算错误：

　　解方程过程正确：$3x=30 \to x=10$（橘子数量）

　　致命错误：苹果应为 $2x=20$，但答案写成 10 个（可能因惯性思维漏乘系数 2）

学习建议

（1）标注单位意识：解方程后立刻标注单位［如 $x=10$ 个（橘子）］，避免混淆

（2）代入检验法：算出苹果数量后反向验证总数是否为 30（20+10=30）

（3）专项训练：完成类似题（如"黄冈小状元"P45："白兔是灰兔的 3 倍，共 48 只"），强化倍数关系

第二题：长方形面积计算

知识点归类：小学三年级"图形与几何"领域

具体类别：长方形面积公式应用

课标对应：人教版三年级下册"面积"单元；核心公式：面积 = 长 × 宽

错误分析

（1）数据提取正确：长 12 cm，宽为长的一半→宽为 12÷2=6 cm

（2）公式应用错误：

正确计算应为面积 =12×6=72 cm²

混淆公式：误将边长代入正方形公式（6×6=36），未区分长方形与正方形

学习建议

（1）图形标注法：解题时先画长方形并标出长、宽（如下图），强化空间认知

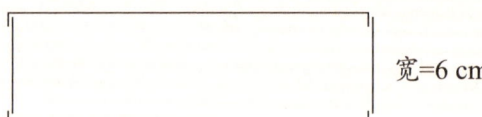

（2）公式对比记忆：

长方形面积 = 长 × 宽

正方形面积 = 边长 × 边长

（3）错题改编练习：将原题改为"宽是长的三分之一"，重新计算以巩固公式

综合提升策略

（1）建立错题关联：两题均涉及两步计算（先求部分量，再算总量/面积），需加强中间步骤检查

（2）使用草稿纸分区：

左半区写已知条件（如"苹果是橘子的2倍""宽 = 长÷2"）

右半区写公式与计算过程，避免信息遗漏

（3）生活化练习：

用水果分配问题训练倍数关系（如分糖果、书籍）

测量家中书桌或窗户的长和宽并计算面积，强化几何应用

第二步，将 DeepSeek 分类的错题复制并粘贴到对应的电子文档或表格中。

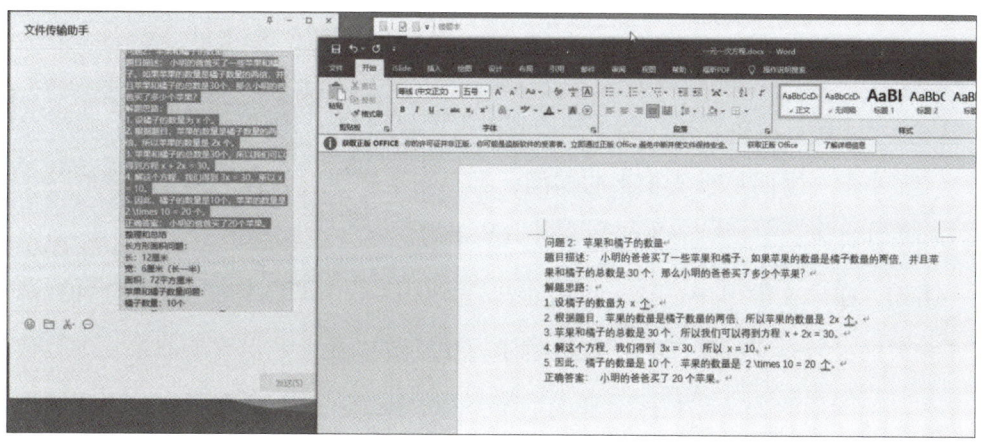

通过长期积累，我们就能打造出一份专为自己孩子量身定制的电子错题本，从而弥补市面上电子错题本在个性化方面的不足。

第 7 章　DeepSeek + 刻意练习 + 费曼学习法：AI 时代的高效学习法

7.1　用刻意练习破解小学高年级的学习挑战

7.1.1　小学高年级的学习挑战

孩子在小学五年级前后可能会出现分数波动，孩子也会感觉力不从心，主要有以下两个原因。

（1）从小学五年级开始，学习的内容难度明显增加。

（2）小学一至四年级所积累的漏洞，容易在五年级的学习中集中暴露。这个阶段，如果处理不好，很可能影响孩子今后的学习。

比如，在语文学习中，孩子可能难以理解复杂的文章结构和文章背后的深意，写作能力的提升也遇到了瓶颈。在数学学习中，许多概念变得逐渐抽象，如分数的概念和几何图形的关系，对孩子来说也是不小的挑战。在外语学习中，由于缺乏语言环境，使得孩子在提升词汇量、写作和阅读理解能力上也进步缓慢。

这些挑战不仅影响了孩子的学习成绩，更重要的是，它们可能导致孩子对学习产生畏惧，自信心受到打击，甚至出现厌学情绪。面对这些困境，如果家长不理解孩子的处境，反而采取简单粗暴的方式斥责，这将进一步加剧孩子的厌学情绪，可能对孩子未来的学习产生不可逆的负面影响。有些家长虽然想要帮助孩子，但方法不当，如让孩子陷入题海战术，牺牲宝贵的睡眠时间。这种做法既浪费了孩子宝贵的学习精力，又损害了他们的身体健康，尤其是损害孩子大脑的发育。

研究表明，小学五年级是学习习惯和学习主动性定型的关键期。如果家长不能及时采取科学的解决办法，到了初一，孩子在学习上的困难将会更加突出。初一的学习难度和强度将呈现阶梯式跃升。孩子的学习时间将变得更加紧张。

因此，我在这里提前给家长们一个预警：面对孩子们在五年级遇到的学习挑战，我们必须尽早采取科学的解决办法。否则，到了初一，孩子们可能会在学习上掉队。我们需要理解孩子的困境，提供合理的支持和引导，而不是简单地施加压力。让我们携手合作，帮助孩子们克服学习上的难关，为他们的未来打下坚实的基础。

7.1.2　有效的解决办法：刻意练习

要解决小学高年级的学习挑战，需要解决以下两个最主要的问题。

（1）建立自信心。需要让孩子们意识到，所有难题都可通过练习解决。家长的鼓励和认可，是他们克服挑战、建立自信心的关键。

（2）实现高效率个性化学习。每个孩子的学习薄弱环节不同，唯有针对这些薄弱环节进行反复训练，才能逐个突破，实现真正的高效学习。

如果在孩子小学五年级这个关键的转折期，能实现以上两个目标，就是我们家长对孩子最大的帮助，也是培养孩子终身成长的核心动力。然而遗憾的是，单纯依靠学校的教学和有限的教师资源，很难实现这些目标。因此，我接下来要讲的刻意练习就成为十分有效的解决方案。

刻意练习的核心在于：强调所有技能都可以通过有目的、有计划的反复练习来掌握。把刻意练习放到教学中，就是针对每个孩子个性化的薄弱环节进行反复的专项训练，来帮孩子补齐短板，而不是简单的漫无目的的题海战术。

举几个通过刻意练习取得突出成就的例子。

（1）著名小提琴演奏家帕格尼尼曾有过一个经典时刻——在一次音乐会上，他的琴弦接连断掉，最终仅剩一根琴弦，但他依然完美地完成了演奏。而帕格尼尼之所以能用仅剩的一根琴弦完成演奏，其实是他长期刻意练习的结果。他平时就经常用一根琴弦演奏来模拟"两人对话"的效果。因此在音乐会上琴弦突然断掉，他才能从容面对。而观众没看到他平时的刻意练习，只看到他台上的那次超出常人的表现，就认为帕格尼尼是个天才。

（2）国外的研究机构曾做过实验，普通人其实也可以通过刻意练习，从而达到"最强大脑"选手的水平。例如，国外研究专家让一位普通大学生每周进行一小时的数字记忆练习。刚开始的几个月进展缓慢，但这个大学生坚持寻找各种技巧，反复练习和突破。在两年后，这位大学生最终能准确记住 82 位随机数字。这有力证明了刻意练习对提升记忆力的显著效果。

（3）世界一流足球运动员都能做到瞬间精准传球。但是，即使是顶级球星，他们的传球能力也是通过长期刻意练习获得的。研究表明，球员们通过训练中无数次的配合练习，在比赛中仅凭下意识和信任就能够精准地传球给队友，这种熟练程度也称为心理表征。心理表征是指经过训练形成的条件反射式反应模式。

这些例子充分表明，即使是高难度的技艺，也可以通过刻意练习获得。将这种方法应用于小学生常见的学习问题自然事半功倍。在此我要特别强调：家长应当以平和的心态接纳孩子当前的不足，同时保持坚定信念——只要方法得当，训练到位，任何学习难题都终将被攻克。

但是，在 AI 技术没有如此普及的时代，如果想要对孩子的学科学习进行个性化的刻意练习，还需要家长自己找资料、找老师，或者报辅导班、请私教，过程烦琐且成本高昂。

更常见的情况是，当孩子在学习过程中遇到困难时，由于没人帮助，很容易半途而废。这也正是刻意练习的方法并没有真正普及的主要原因。但是现在，尤其是在 AI 技术的协助下，刻意练习变得简单易行且高效。

7.2　AI + 刻意练习：扫除学习障碍

7.2.1　DeepSeek + 刻意练习技巧回顾

我们可以将刻意练习概括为三个核心步骤：设定目标（Focus）、反复训练（Fix it）、评估反馈（Feedback）。这三个核心步骤正是 AI 的强项。而且，大家是否觉得这三点很眼熟？实际上，在前 6 章中，无论我们用 AI 解决哪一学科的问题，提升哪一学科的能力，

第 7 章　DeepSeek＋刻意练习＋费曼学习法：AI 时代的高效学习法

所使用的都是刻意练习的方法。只不过，我们没有过早地把这个名词提出来而已。由此可见，刻意练习确实能全方位助力孩子的学习。

我们可以回顾一下使用刻意练习提升语文阅读理解能力的步骤。同样是按照三个步骤来完成的。首先，找出孩子的薄弱环节并设定明确的目标；其次，对这些薄弱环节进行针对性的反复训练；最后，在训练过程中及时评估和反馈，循环往复，直到孩子的薄弱环节得到弥补。

第一步，家长先根据孩子的薄弱点，设置要训练的题目类型，如总结中心思想；同时，设定完成数量，如每周完成三篇。然后，让 AI 生成阅读素材和配套题目。提示词如下：

"孩子现在上小学五年级，在语文科目中现代文阅读理解方面，总结中心思想这类题型是他的薄弱环节。请你帮我生成三篇符合小学五年级阅读理解能力要求的文章，并配套总结中心思想的问题，但不要提供答案。"

DeepSeek：

第一篇：《同桌的手帕》

文章内容

林小夏的课桌抽屉里总放着一块浅蓝色方格手帕，那是转学生苏小雨送她的。上周的体育课上，小夏摔破了膝盖，苏小雨毫不犹豫用手帕帮她止血。后来小夏发现手帕角落绣着一朵蒲公英——那是小雨外婆临终前留给她的唯一礼物。当小夏红着脸要归还时，小雨却笑着说："蒲公英的种子飞到哪里，哪里就是家。现在它是你的朋友了。"窗外春风吹动柳枝，两个女孩的影子在阳光下紧紧挨着。

配套问题

（1）文章通过"手帕"这一物品，表达了人物之间怎样的情感？

（2）苏小雨说"蒲公英的种子飞到哪里，哪里就是家"，这句话在文中有什么深层含义？

（3）结尾描写"春风吹动柳枝"的环境，对表现中心思想起到什么作用？

第二篇：《老槐树下的面香》
……
（省略后两篇文章和题目）

训练建议：

（1）引导孩子关注文章反复出现的物品（如手帕）、环境描写（如老槐树）或象征物（如绿萝）。

（2）训练通过人物语言、动作细节分析情感倾向。

（3）强调题目与结尾段落对中心思想的提示作用。

（4）建议配合部编版和人教版语文五年级下册中的《祖父的园子》《梅花魂》等教材课文对比阅读。

第二步，明确目标并生成题目后，孩子可以针对语文阅读理解中总结中心思想这项技能进行专项训练。在开始训练之前，家长可以先和孩子一起学习 DeepSeek 给出的"训练建议"。因为即使是反复刻意练习，也需要在每次练习中温故而知新，才能让孩子真正取得进步。所谓刻意练习，绝不是机械地重复，单纯增加练习量。

在这里，我们也可以请 DeepSeek 这位学识渊博的专属私教，更系统地总结小学五年级语文阅读理解的实用方法和技巧，作为孩子训练前的指引。提示词如下：

"我是一名五年级的学生，请帮我总结小学五年级现代文阅读理解中总结中心思想这类题目的实用答题技巧。"

DeepSeek：

一、明确中心思想的核心公式

中心思想 = 主要内容 + 写作目的

例：文章《老槐树下的面香》通过母亲每天在老槐树下为"我"做面的细节，

赞美了母爱的无私与温暖。

二、三步锁定中心思想

1. 看题目猜中心

题目常暗示主题，如《成全善良》直接点明主旨。

比喻/象征类题目（如《会走路的绿萝》）需联系全文解读深层含义。

2. 抓关键位置

开头段：点题句（如"记忆里最温暖的味道"）。

结尾段：总结句（如"蒲公英的种子飞到哪里，哪里就是家"）。

反复出现的词句：如"手帕"象征友情，"光"象征希望。

3. 分析人物与事件

写人文章：总结人物品质（如苏小雨的善良）。

写事文章：提炼道理（如绿萝向光生长→遇到困难要寻找希望）。

写景状物：体会情感（如槐花香气→对母爱的怀念）。

三、答题模板与例句

1. 直接概括型

📝模板：本文通过记叙（描写）……，表现了……，表达了……

👉例：《同桌的手帕》通过苏小雨赠送珍贵手帕的故事，表现了友情的无私，表达了人与人之间真诚关怀的可贵。

2. 道理启示型

📝模板：文章告诉我们……（道理），让我明白了……（联系生活）

👉例：《会走路的绿萝》告诉我们遇到困难要像植物一样主动寻找希望，这让我想到考试失利时应该调整心态、积极面对。

四、避坑指南

❌错误：只复述事件（如"讲了一个送手帕的故事"）。

✅正确：提炼深层含义（如"友情胜过物质珍贵"）。

❌错误：脱离文章主观发挥（如"我觉得妈妈很辛苦"）。

☑正确：紧扣文本细节（如"母亲凌晨揉面的动作说明坚持与付出"）。

五、专项训练建议

每天精练 1 篇：选择亲情、友情、成长主题的短文（类似《祖父的园子》风格）

标注多色笔：用荧光笔划开头/结尾/重复句，铅笔写批注

对照答案修改：重点学习"通过……表达……"的标准表达方式

附：快速检测表

完成阅读后自问：

（1）主角做了什么事？

（2）作者最想夸他/她什么品质？

（3）结尾用哪些词透露了情感？

（4）标题和故事有什么隐藏联系？

注意：孩子在训练的过程中需要自主完成，不能使用 AI 工具。

第三步，孩子每完成一次专题练习，家长都可以借助 AI 来评估孩子的训练效果。通常情况下，我都会让 AI 在表扬孩子的同时，指出孩子后续需要改进的地方。这就为后续持续的、有针对性的刻意练习创造了条件。直白地说，如果你作为家长不会夸奖孩子，或者不好意思夸奖孩子，你可以利用 AI 帮忙。提示词如下：

"以下是孩子作答的结果，请你评判是否正确，并详细讲解每道题。最后给出孩子本次作答的总结，要既说优点，又总结不足，并针对以上不足，给出下一步训练和日常积累的建议。"

第 7 章　DeepSeek + 刻意练习 + 费曼学习法：AI 时代的高效学习法

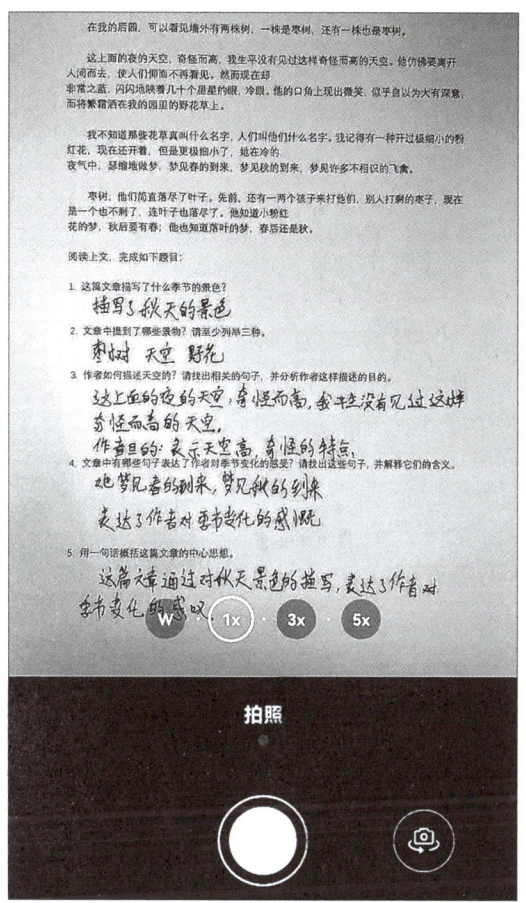

DeepSeek：

题目评判与详细讲解

问题 1：这篇文章描写了什么季节的景色？

孩子答案：描写了秋天的景色

☑ 正确性：完全正确

📝 解析：

文章明确提到"枣树的叶子落尽""秋后要有春""春以后还是秋"等标志性秋景描写。

文中"冷的废气中瑟缩的小花""落叶的梦"均暗示深秋的萧瑟氛围。

问题 2：文章中提到了哪些景物？请至少列举三种。

125

孩子答案：枣树、天空、野花

⚠ 正确性：完全正确

📝 解析：

文章明确提到了"枣树""天空""野花"这三种景物。

其他可补充景物：星星、落叶、冷空气（环境描写也可算景物）。

（省略后三题的解析）

孩子作答总结

✅ 优点：

（1）信息抓取能力突出：能快速锁定季节、核心景物等显性信息。

（2）结构框架清晰：答题紧扣"内容+目的"基本逻辑（如问题3的句子提取与分析框架）。

（3）语言简洁性：答案无赘述，符合小学阶段答题规范。

📌 不足与建议：

（1）细节分析深度不足：需关注修辞手法（如拟人、象征）与作者情感的关联（如"冷眼"与孤独感的联系）。

建议用"批注法"精读：在文中标记拟人词、反复出现的意象（如"梦"）。

（2）答案完整性待加强：问题4应引用完整句子，问题5需补充情感关键词。

练习时可用"答案要素清单"自检：是否包含"内容+手法+情感"三要素。

🎯 提升方向：

（1）精读《秋夜》（原文出处）等借景抒情类文章，重点分析"景物—情感"对应关系。

（2）完成句子补全练习：给出半句分析（如"天空'奇怪而高'说明＿＿＿"），训练逻辑延伸能力。

（3）使用"中心思想拆分表"：将文章拆解为"景物""手法""情感"三栏，培养系统性思维。

同样，在突破英语阅读理解时，也采用了刻意练习的方式。比如，孩子在英语阅读理解中总是找不准关键词。针对这一问题，家长可以为孩子设定训练目标：进行关键词画批训练，每周完成三篇。接着，可以请 AI 根据孩子的年级和词汇量，生成适合孩子的英语阅读理解关键词画批训练文章和题目。然后，就可以让孩子进行针对性的训练了。每次训练结束后，家长都可以利用 AI 工具检查并评估孩子的完成情况。在评估时，一定要既表扬优点，又指出不足。

在第 6 章中，利用 DeepSeek 提升数学解题能力时，我们同样使用了刻意练习的理念。比如，我们借助 DeepSeek 与学霸秘籍——错题本，先找出孩子在数学学习中的薄弱环节。甚至在 DeepSeek 的协助下，我们能够轻松追溯孩子在低年级学习时的底层知识漏洞。然后，将这些知识漏洞设定为训练目标，让 DeepSeek 生成同类型的题目，使得孩子反复训练和评估，直到确认这些知识漏洞得到弥补。

其实，在经常性的刻意练习过程中，家长需要保持平和的心态。我们应该正确看待并接纳孩子的薄弱环节。因为只有发现了不足，才会有进步。不但我们自己，还要向孩子传递一个信息：发现不足，我们应该感到庆幸，因为这意味着孩子又获得了一次宝贵的进步机会。我们要坚信，通过刻意练习，没有什么难题是解决不了的。

通过回顾之前 6 章的内容，可以清晰地看到，在 AI 时代，我们拥有了多种强大的工具，这些工具让孩子更容易地进行刻意练习。借助这些工具，可以更轻松地解决学习中的棘手问题，让学习进步到一个前所未有的新高度。孩子们可以在每次练习中步步为营，稳扎稳打，逐一夯实基础、弥补漏洞隐患、突破自己的薄弱环节，从而建立起学习的信心和兴趣。而学习的信心和兴趣正是孩子学习的核心内在动机，它们将形成良性循环。同时，整个过程中家长的表扬和赞誉也是孩子最重要的外在动机。如果孩子同时拥有了内在动机和外在动机，那么他们一定会变得更强。这将使他们在未来也能够自主、长期地坚持刻意练习。

7.2.2　智谱清言 + 刻意练习突破英语听力

为了给大家呈现更多刻意练习在学科学习中的应用，接下来，我们探讨一下如何通过智谱清言 + 刻意练习突破英语听力。

在英语听力学习中，如果没有 AI 的支持，家长和孩子可能会面临以下挑战。

（1）难以识别自己的薄弱点，无法进行有针对性的训练。

（2）缺乏合适的听力材料，难以控制难度。

（3）家长难以判断孩子的听力水平。

然而，我们同样可以借助 AI 来通过刻意练习突破英语听力。在语音互动方面，智谱清言的功能比较完善，可以调节语速，因此我将选用智谱清言来演示接下来的案例。

为了有效提升孩子的英语听力水平，家长可以借助 AI 技术来制定一个明确且可行的训练计划。首先，设定每周的听力练习数量，如每周完成 5 篇听力素材。AI 能够根据孩子的实际水平，生成指定难度的听力材料和题目。提示词如下：

> "请根据小学六年级的英语词汇量和英语听力难度要求，出一篇听力训练短文和 4 道选择题。"

智谱清言的回复如下：

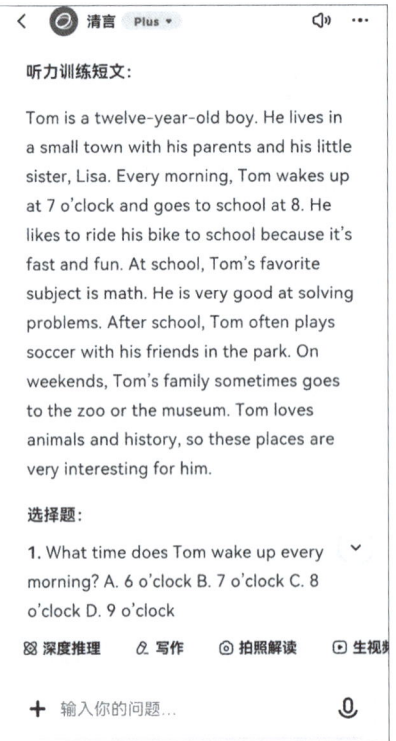
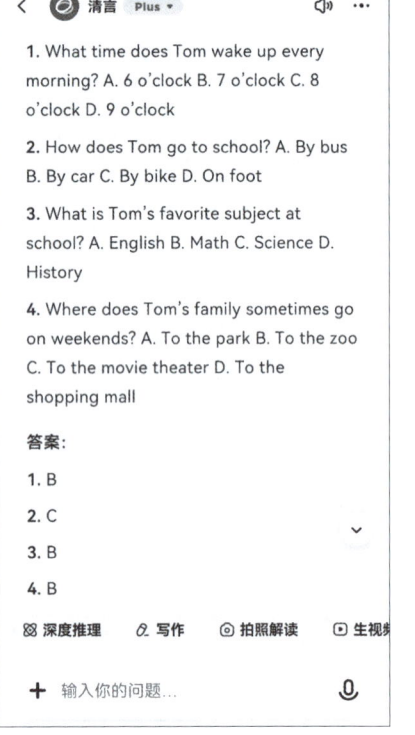

第 7 章　DeepSeek + 刻意练习 + 费曼学习法：AI 时代的高效学习法

将问题和选项发给孩子。让孩子先看问题，预估文章中讲的是什么内容。

不过，如果直接让智谱清言朗读，语速会很快。你可以用提示词让智谱清言放慢朗读的语速。比如，可以使用提示词："语速稍微慢一些"。此时，智谱清言会通过修改原文中的标注，用它自己的方式适当放慢语速。

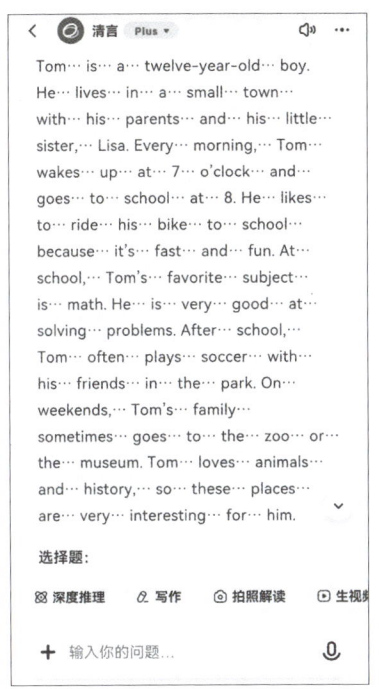 

此时，点击右上角的小喇叭图标，让智谱清言读出短文，让孩子听短文后答题。

孩子完成作答后，可以用手机拍下孩子的答题结果，并将其发送给智谱清言，请求它进行评判。提示词如下：

> "这是以上听力题目的答题结果，请判断是否正确，并讲解每道题。"

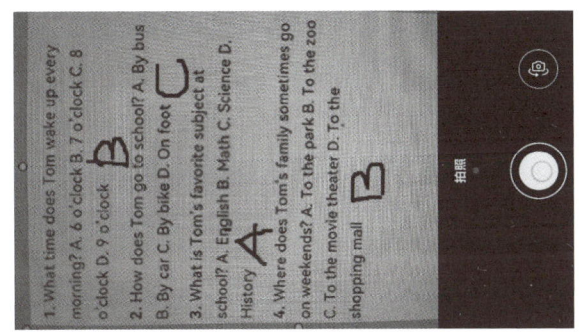

1. 第一题
- **题目**：What time does Tom wake up every morning？（汤姆每天早上几点起床？）
- **原文依据**：Every morning, Tom wakes up at 7 o'clock and goes to school at 8. （每天早上，汤姆7点起床，8点去上学。）
- **答案**：B. 7 o'clock 。你的选择是正确的。

2. 第二题
- **题目**：How does Tom go to school？（汤姆怎么去上学？）
- **原文依据**：He likes to ride his bike to school because it's fast and fun. （他喜欢骑自行车去上学，因为这既快又有趣。）
- **答案**：C. By bike 。你的选择是正确的。

3. 第三题
- **题目**：What is Tom's favorite subject at school？（汤姆在学校最喜欢的科目是什么？）
- **原文依据**：At school, Tom's favorite subject is math. （在学校，汤姆最喜欢的科目是数学。）
- **答案**：B. Math 。你选择了A. English，是错误的。

4. 第四题
- **题目**：Where does Tom's family sometimes go on weekends？（汤姆一家周末有时去哪里？）
- **原文依据**：On weekends, Tom's family sometimes goes to the zoo or the museum. （周末，汤姆一家有时去动物园或博物馆。）
- **答案**：B. To the zoo 。你的选择是正确的。

总体来说，你做对了3道题，第3题选择错误，正确答案应该是B（Math）。

当每次刻意练习结束后，都可以请智谱清言对孩子本次练习的效果进行评估，并给出下一步刻意练习的建议。提示词如下：

"分析本次孩子听力作答情况，指出哪些地方做得比较好，哪些地方还存在欠缺，并给出下一步训练建议。"

智谱清言：

1. 做得好的方面

（1）基础信息捕捉能力突出：在第1题（起床时间）、第2题（上学方式）、第4题（周末活动地点）中，孩子精准抓取"7 o'clock""ride his bike""zoo"等关键信息，展现出对时间、交通、地点类基础内容的高敏感度，听力时能有效锁定重点。

（2）日常话题理解优势：题目围绕上学、家庭活动等生活场景，孩子因熟悉此类日常情境，快速融入听力文本，辅助信息获取，提升答题准确率。

2. 存在欠缺的方面

（1）关键信息处理失误：第3题"最喜欢的学科"，原文明确为"math"，孩

子误选"English",暴露对学科类关键信息的理解、记忆不精准,听时可能未聚焦或遗漏核心内容。

(2)答题检查习惯缺失:完成作答后未复查,若回顾听力内容,便可发现第3题答案与原文矛盾。缺乏检查意识,导致本可纠正的错误未被发现。

3. 下一步训练建议

(1)关键信息专项强化。

- 选取含喜好、学科、观点等主题的听力材料,完成填空、判断练习,如针对"favorite"类主题,听完后复述相关信息,强化捕捉与记忆。

- 听完材料后,要求孩子用简短语言复述关键内容(如"材料中提到的学科有哪些"),提升信息整合能力。

(2)听力技巧系统培养。

- 预测训练:听前浏览题目选项,联想相关词汇,如遇到学科类题目时,提前回忆"math""English"等词汇,听时更具针对性。

- 笔记训练:教导用缩写、符号记录关键词(如"math → M"),尤其对长文本,辅助回忆内容,减少信息遗漏。

(3)答题检查习惯养成。

- 完成听力后,强制要求对照题目回顾内容。例如,检查"最喜欢的学科"答案是否与原文一致,培养"做完必查"的意识。

- 分析错题时,引导孩子追溯听力原文,明确错误根源(如"没听到"),针对性改进,逐步建立检查机制。

之后,我们就可以根据智谱清言的训练建议,重复以上步骤,逐步用刻意练习提升孩子的英语听力能力。

7.2.3 费曼学习法

很早之前,看过一篇对某省高考状元的采访。这位状元说,他之所以能有现在的成绩,原因之一是"被妈妈'骗'了三年"。他在上高中时,每次放学回来,妈妈总会问他在学校学了什么,并说妈妈也想学,请他给妈妈讲讲。于是,他几乎每天回家都会把当天在学校学的一些重点知识，用有限的时间给妈妈讲一遍。在这个过程中，他也会发现自己没有完全搞懂的知识，于是就会再去复习，然后再来给妈妈讲。直到自己讲明白，妈妈也听懂为止。当时，他并不知道这就是著名的费曼学习法。后来上了大学，有一次和妈妈聊天，他才知道，原来妈妈早就知道这是著名的费曼学习法。妈妈当时的"不懂"，其实都是装出来的，就这样"骗"了他三年。

什么是费曼学习法呢？简单说，就是只有把学过的知识，能够用大道至简的语言讲给别人听，让外行也能听懂，才算是真的学会了知识。如果学完知识后，还没有达到能给外行讲明白的程度，那就说明还没完全掌握。这时，就要回去复习，然后再讲给别人听，直到连外行人也能听懂为止，这才算完全掌握了知识。

其实，无论是成年人还是孩子，在学过知识后，难免会有一些模棱两可的地方。这时，如果让你给别人讲解，可能也能讲出一些内容，但往往讲得似是而非，或者语言过于宽泛，让自己和听的人都感到困惑。这种状态就说明并没有真正掌握这项知识。而大多数人，也可能因为爱面子，经常会有意无意掩盖自己在某些知识上的不足。比如："你问孩子，今天在学校学的知识，都掌握了吗？"孩子大概率会回答："都掌握了。"但等到考试时，问题就暴露出来了。到那时，家长和孩子可能又会用"粗心"来掩盖更深层的知识漏洞。

在之前的内容中，我已经帮大家分析出孩子成绩波动大的原因在于知识结构上存在漏洞。并且，也教大家如何运用 DeepSeek 结合刻意练习的方式来查漏补缺，夯实基础。然而，孩子的训练效果到底怎样？很多家长心里还是没底。那么，本节提到的费曼学习法，就是补足最后一环，让家长能够了解孩子训练的进步和成果。例如，我们可以以提升数学解题能力为例来具体说明。

第一步，可以请孩子详细地整理一道典型错题的解题步骤，要求整理到事无巨细的程度。

第二步，让孩子把解题思路讲给家长听。这时，家长的数学基础好不好，其实关系不大。因为家长扮演的恰恰是"外行"的角色。如果外行人都能听明白孩子的解题思路，反而说明刻意练习的效果更好。

在孩子讲解过程中，可能需要一些硬件和软件的辅助。我的做法如下：

（1）用平板电脑拍下孩子要讲的题目，但不要提供答案。

（2）把平板电脑的屏幕投屏到家中的电视上。

（3）孩子可以站着或坐着，但是一定要面向我（听众），在平板电脑上用触屏笔手写并讲解解题步骤。

（4）在讲解过程中，如果遇到孩子步骤跳跃或表达含糊的地方，家长可以随时提问。

在这个过程中，家长不用在乎自己是否有知识盲区而在孩子面前露怯。家长始终要牢记，自己扮演的就是"外行"的角色。家长此时越"外行"，越能检验出孩子是否真的完全掌握了解题思路，以及哪里存在漏洞。

刚开始，孩子给我讲解时，会存在侥幸心理。比如，故意跳过一些自己讲不明白的步骤，或者强行引用一些所谓的"常识"或"约定俗成"，来掩盖自己无法解释的地方。每当遇到这种情况，我都会刨根问底。如果他说不明白，我就会要求他回去继续准备，然后把所谓的"常识""约定俗成"证明给我看。其实，这就涉及另一个重要的原理——第一性原理。我们在陪伴孩子学习的过程中，也要广泛应用第一性原理，对孩子的一些表现和问题刨根问底、追根溯源，才能做到不留隐患。

将 AI 作为日常辅助工具，再与学校教育形成合力，经过半年的 AI + 刻意练习 + 费曼学习法的训练，我儿子在初一下学期的数学成绩已经可以稳定在 95 分左右，可以说初见成效。

其实，AI + 刻意练习 + 费曼学习法不仅能够帮孩子们在现阶段的学科学习中显著提升成绩，更重要的是能帮他们建立起宝贵的自信心。让孩子们坚信，没有什么知识是 AI + 刻意练习 + 费曼学习法学不会的。这一过程不仅为孩子们打下了坚实的学习基础，更为他们未来的成长提供了一个科学的问题解决方法。未来，孩子们无论是在追求个人兴趣爱好上，还是面对职业生涯中的种种挑战，AI + 刻意练习 + 费曼学习法都将成为他们克服困难、实现目标的有力工具。

第 8 章　紧跟新课标 1：用 DeepSeek 轻松跨学科学习

8.1　中高考改革新趋势与跨学科学习

当今中国的发展之路充满机遇与挑战。近年来，国际贸易环境的变化促使中国加快经济改革步伐，推动产业升级，激发内需市场潜力。这一过程中，国内企业也在积极应对各种外部压力，努力提升自身的核心竞争力，实现自主创新与突破。

在这样的大背景下，我国的教育改革也在稳步推进。高考改革作为教育改革的重要组成部分，旨在培养更多具有创新能力和实践能力的高素质人才。近年来，我国高考改革不断深化，新课标和中高考改革方案逐步落地实施。改革的核心目标是打破传统教育模式的局限，引导学生从单纯的"刷题"和"死记硬背"中解脱出来，培养学生的综合素质和创新能力。未来，高考改革将继续朝着更加科学、公平、多元化的方向发展，为国家的长远发展提供坚实的人才支撑。

本章我们将帮助各位家长解读新课标和中高考改革的趋势。你们会发现，虽然筛选是在中高考时进行的，但培养却早在小学一年级就开始了。因为一名学生的核心素养培养绝非一朝一夕的事，而是需要长期、系统且完整的训练。本章还会教大家如何利用 AI 辅助孩子在各年龄阶段提升核心素养，以应对未来学习和生活中的挑战，让孩子跟上时代潮流，不掉队。

8.1.1　中高考改革新趋势

未来中高考改革突出特点之一，就是跨学科情景化真题将越来越多。这类题目以真实情境为载体，既考查学生表层的知识应用能力，又考查学生深层的思维能力和核心素养。

1. 数学学科

数学学科作为理工科统考的公共基础性学科，首当其冲地成为最先开始中高考改革的学科。例如：

（1）北斗卫星导航系统（2021年高考真题）。

北斗三号全球卫星导航系统是我国航天事业的重要成果，在卫星导航系统中，地球静止同步轨道卫星的轨道位于地球赤道所在平面，轨迹高度为36000km（轨道高度是指卫星到地球表面的距离）。将地球看作是一个球心为 O，半径 r 为 6400km 的球，其上点 A 的纬度是指 OA 与赤道平面所成角的度数。地球表面上能直接观测到的一颗地球静止同步轨道卫星点的纬度最大值为 α，该卫星信号覆盖地球表面的表面积 $S=2\pi r^2(1-\cos\alpha)$（单位：km^2），则 S 占地球表面积的百分比约为（　　）。

A. 26%　　　　　B. 34%　　　　　C. 42%　　　　　D. 50%

（2）北京冬奥会［2021年全国高考乙卷数学（理）试题］。

将5名北京冬奥会志愿者分配到花样滑冰、短道速滑、冰球和冰壶4个项目进行培训，每名志愿者只分配到1个项目，每个项目至少分配1名志愿者，则不同的分配方案共有（　　）。

A. 60种　　　　　B. 120种　　　　　C. 240种　　　　　D. 480种

（3）垃圾回收（2022年高考真题）。

某社区通过公益讲座普及社区居民的垃圾分类知识。为了解讲座效果，随机抽取10位社区居民，让他们在讲座前和讲座后各回答一份垃圾分类知识问卷，这10位社区居民在讲座前和讲座后，问卷答题的正确率如下图，则（　　）。

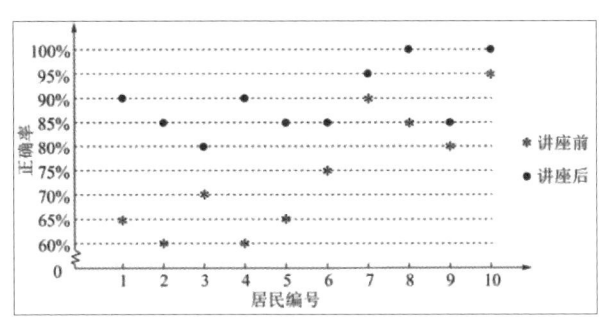

A. 讲座前问卷答题的正确率的中位数小于70%

B. 讲座后问卷答题的正确率的平均数大于85%

C. 讲座前问卷答题的正确率的标准差小于讲座后正确率的标准差

D. 讲座后问题答题的正确率的极差大于讲座前正确率的极差

（4）南水北调（2022年高考真题）。

南水北调工程缓解了北方一些地区水资源短缺的问题，其中一部分水蓄入某水库，已知该水库水位为海拔148.5 m时，相应水面的面积为140.0 km²；水位为海拔157.5 m时，相应水面的面积为180.0 km²，将该水库在这两个水位之间的形状看作一个棱台，则该水库水位从海拔148.5 m上升到157.5 m时，增加的水量约为（　　）（$\sqrt{7} \approx 2.65$）。

A. $1.0 \times 10^9 m^3$　　B. $1.2 \times 10^9 m^3$　　C. $1.4 \times 10^9 m^3$　　D. $1.6 \times 10^9 m^3$

（5）结合中国传统文化历史背景，考几何、代数的题目。

沈括的《梦溪笔谈》是中国古代科技史上的杰作，其中收录了计算圆弧长度的"会圆术"。如下图所示，弧$\overset{\frown}{AB}$是以O为圆心，OA为半径的圆弧，C是AB的中点，D在弧$\overset{\frown}{AB}$上，$CD \perp AB$，"会圆术"给出弧$\overset{\frown}{AB}$的弧长的近似值s的计算公式：$s = AB + CD^2 / OA$，当$OA = 2$，$\angle AOB = 60°$时，$s =$（　　）。

A. $\dfrac{11 - 3\sqrt{3}}{2}$　　　　　　　　B. $\dfrac{11 - 4\sqrt{3}}{2}$

C. $\dfrac{9 - 3\sqrt{3}}{2}$　　　　　　　　D. $\dfrac{9 - 4\sqrt{3}}{2}$

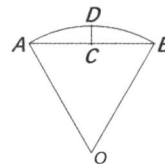

2. 物理学科

紧跟着，物理考试中的情景化真题也逐渐增多。由于物理学科几乎是高科技竞争的最前沿阵地，因此在中高考改革中，物理学科紧跟数学之后开始改革，甚至更容易跨学科联动出题。

（1）科技成就相关题目：以高速列车、天宫空间站天地连线授课等科技成就为背景，考查学生对太空失重、万有引力、圆周运动等物理概念的理解。

2022年3月，中国航天员翟志刚、王亚平、叶光富在离地球表面约400km的"天宫二号"空间站上通过天地连线，为同学们上了一堂精彩的科学课。通过直播画面可以看到，在近地圆轨道上飞行的"天宫二号"中，航天员可以自由地漂浮，这表明他们（　　）。

A. 所受地球引力的大小近似为零

B. 所受地球引力与飞船对其作用力两者的合力近似为零

C. 所受地球引力的大小与其随飞船运动所需向心力的大小近似相等

D. 在地球表面上所受引力的大小小于其随飞船运动所需向心力的大小

（2）实验探索题型：以科技产品的应用为背景。例如，用雷达探测高速飞行器的位置，考查学生的知识迁移能力、物理模型建构能力和语言描述能力。

用雷达探测一高速飞行器的位置。从某时刻（$t=0$）开始的一段时间内，该飞行器可视为沿直线运动。每隔1s测量一次其位置，坐标为x。结果如下表所示：

t/s	0	1	2	3	4	5	6
x/m	0	507	1094	1759	2205	3329	4233

回答下列问题：

1）根据表中数据可判断该飞行器在这段时间内近似做匀加速运动，判断的理由是：_____。

2）当$x=507$m时，该飞行器速度的大小$v=$_____m/s。

3）这段时间内该飞行器加速度的大小$a=$_____m/s^2（保留两位有效数字）。

（3）联系日常生活：利用照相机、手机等常见物品探索物理世界，从物理视角解释生活现象，培养学生的核心素养。

安装适当的软件后，利用智能手机中的磁传感器可以测量磁感应强度B。如下图，在手机上建立直角坐标系。手机显示屏所在平面为xOy面。某同学在某地对地磁场进行了4次测量，每次测量时y轴指向不同方向，而z轴保持竖直向上。根据表中测量结果可推知（　　）。

测量序号	B_x / μT	B_y / μT	B_z / μT
1	0	21	-45
2	0	-20	-46
3	21	0	-45
4	-21	0	-45

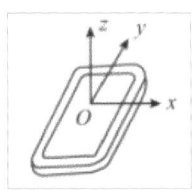

其实，不止中国的中高考和教育在改革。在AI科技浪潮的席卷下，全球教育改革正风起云涌。各主要发达国家和地区在考试中愈发注重情景化试题的占比，这一

趋势并非"不务正业",而是教育理念的深刻转变与时代需求的精准对接。

由此已经警示我们,传统地、机械地传授知识点的学习方式,虽然在一定程度上能够确保学生掌握基础知识和技能,但这种方式往往侧重于知识的灌输和题型的训练,从而培养出了一批听话、做题熟练的学生。然而,这种教育模式的问题在于,它过于强调知识的记忆和应试技巧,而忽视了对学生创新思维和解决真实问题能力的培养。

因此,传统教育方式往往难以孕育出创新型、高端型乃至领军型人才。现实也表明,在中国,虽然中间层次的人才众多,但顶尖人才相对稀缺。在一些高科技领域,如芯片制造、生物技术、高端装备等,我们仍面临一些技术瓶颈和挑战。

所以,面对未来,中国最迫切的需求是培养出更多创新型的领军人物,尤其是能够在理工科领域发挥创新能力的顶尖人才。这类人才不仅要有扎实的知识基础,更要具备将所学知识融入现实生活真实情境中的能力,以及在陌生情境下仍能像科学家一样进行深度思考、跨学科综合运用所学知识,并解决现实问题的能力。

为此,国家正在加大对理工科教育的投入和支持。许多双一流高校也纷纷宣布,只要学生在数学、物理等基础学科上表现出色,就有机会破格入围强基计划,获得更优质的教育资源和培养机会。

3. 新课标下的理科命题变化趋势

新课标出台之后,理科命题出现以下四大变化趋势:①情境题的真实化趋势;②知识运用的灵活性要求;③解决问题的系统化过程;④思维能力的重点考查。

(1)当前理科考试中的"情境题"正逐渐贴近真实生活,这并非简单地多做"应用题"所能替代的。以往的应用题,虽然也试图联系实际,但往往过于理想化,脱离了学生的实际生活经验,更多的是为了考查特定的知识点而设计的。例如:

某工厂进行生产线智能化升级改造,升级改造后,从该工厂甲、乙两个车间的产品中随机抽取150件进行检验,数据如下:

单位:件

	优级品	合格品	不合格品	总计
甲车间	26	24	0	50
乙车间	70	28	2	100
总计	96	52	2	150

1）填写以下列联表：

	优级品	非优级品
甲车间		
乙车间		

能否有 0.5% 的把握认为甲、乙两车间产品的优级品率存在差异？能否有 90% 的把握认为甲、乙两车间产品的优级品率存在差异？

2）已知升级改造前该工厂产品的优级品率 $p=0.5$，设 $\overline{p}$ 为升级改造后抽取的 n 件产品的优级品率，如果 $\overline{p} > p + 1.65\sqrt{\dfrac{p(1-p)}{n}}$，则认为该工厂产品的优级品率提高了。根据抽取的 150 件产品的数据，能否认为生产线智能化升级改造后，该工厂产品的优级品率提高了？（$\sqrt{150} \approx 12.247$）

附：$K^2 = \dfrac{n(ad-bc)^2}{(a+b)(c+d)(a+c)(b+d)}$，

$P(K^2 \geq k)$	0.050	0.010	0.001
k	3.811	0.035	10.828

而以下这类旧式的应用题，又过于关注知识本身及应试技巧，与学生日常生活的关联度不高。例如：

已知 M 为曲线 C 上一动点，动点 M 到 $F_1(\sqrt{3},0)$ 和 $F_2(-\sqrt{3},0)$ 的距离之和为定值，且点 $P\left(\sqrt{3}, \dfrac{3\sqrt{3}}{2}\right)$ 在曲线 C 上。

1）求曲线 C 的方程。

2）若过点 $F_1(\sqrt{3},0)$ 的直线 l 交曲线 C 于 A、B 两点，求 $\triangle ABP$ 面积的取值范围。

（2）传统的学习方式和考核方式往往导致学生为考试而学，考完即忘。这种学习方式忽视了知识的实际应用，导致学得越多，上的辅导班越多，刷题越多，无用功也越多。

而新课标则倡导更加灵活的学习方式，具体包括以下两个方面。

一方面，学生要知道知识的来龙去脉（如 what、why、when&where、how，即 3w1h），才能形成合理的知识结构。将来遇到真实情景的问题，才能迅速从大脑中提取对应的知识进行解决。

另一方面，学生既要掌握知识，更要掌握方法。要做到即使遇到没学过的知识，但是方法学过，就应该用方法快速学会新知识，并"现学现卖"地解决新问题。例如，大家可以看看 2024 年高考数学最后一道大题。

设 m 为正整数,数列 $a_1, a_2, \cdots, a_{4m+2}$ 是公差不为 0 的等差数列,若从中删去两项 a_i 和 $a_j (i<j)$ 后剩余的 $4m$ 项可被平均分为 m 组,且每组的 4 个数都能构成等差数列,则称数列 $a_1, a_2, \cdots, a_{4m+2}$ 是 (i, j) 一一可分数列。

1)写出所有的 $(i, j), 1 \leqslant i<j \leqslant 6$,使数学 $a_1, a_2 \cdots, a_6$ 是 (i, j) 一一可分数列。

2)当 $m \geqslant 3$ 时,证明:数列 $a_1, a_2, \cdots, a_{4m+2}$ 是 $(2, 13)$ 一一可分数列。

3)从 $1, 2, \cdots, 4m+2$ 中一次任取两个数 i 和 $j(i<j)$,记数列 $a_1, a_2, \cdots, a_{4m+2}$ 是 (i, j) 一一可分数列的概率为 P_m,证明:$P_m > \dfrac{1}{8}$。

(3)中高考将通过考查解决问题的方法和过程,来考核学生的思维能力。那么,什么是思维能力呢?

思维能力概括起来,包含以下 5 步。

1)明确问题:审题,能够精准找出有哪些变量、有哪些条件,甚至要过滤掉无用的、干扰的条件。这其实是语文的能力!也是很多孩子在中高考时比较欠缺的能力。

2)探求解法:能够根据面对的问题,把大脑中对应的知识模型提取出来,与眼前要解决的问题相匹配。

3)实施计划:落实解题步骤,一步一步地、有逻辑地、有推理地把题目做出来。

4)校验结论:做完题,还能进行初步检查,并论证自己的过程与结论是否正确。

5)讨论反思:这条不是指正在考试时,考试时没机会反思,而是指在平时的学习过程中,要通过如错题本等方法,准确评估自己的薄弱环节,并用刻意练习的方法及时弥补,最终取得学习的进步。

因此,接下来,家长和孩子要想为跨学科情景题目早做准备,就要提前了解跨学科题目的特点。

8.1.2 跨学科题目的特点

首先,跨学科题目的情境通常来源多元化。这类题目往往以某一主题或授课单元为背景,融合了五大学科中至少两个学科的知识。其中,包括自然科学中的物理学、天文学、地球科学、农业科学中的林学、农学、医药科学中的临床、预防医学、药学、工程与技术科学中的机械工程、产品应用相关工程,以及人文与社会科学中的经济学、艺术学、历史学、社会学等。

其次，跨学科题目展现出灵活开放的特点。在题目设计上，图文并茂的题目的比重不断增加，这有助于考查学生在数学、图形、语言文字之间相互转化的综合素养。在答题要求上，题目不仅要求学生提供解释、描述归纳，还鼓励学生提出实施建议、设计实验方案、绘图绘表等。这种答题新特点，更容易考查出考生的主动性和创造性。

最后，跨学科题目强调活学活用。它要求学生不仅要掌握书本上的知识，更要能够将所学知识应用到实践中，并去解决具体问题，从而体现出学生的实践能力。

因此，总结新课标和中高考的变化趋势，可以得出未来知识要求的 4 个维度。

（1）知识的深度：追求知识的深入理解，如知识的来龙去脉，而非表面的广泛涉猎。

（2）知识的高度：从更高视角审视知识，具备全局和整体的把控能力。是指将知识形成系统的结构，串成线、连成片，表现形式就是我们常用的思维导图。

（3）知识的广度：是指能够跨越学科融合。例如，在一道题中，可能会用语文的技巧分析题目，用物理的知识解题，并用数学的知识计算结果。

（4）知识的精度：是指所有的结论均需基于可靠证据和逻辑严谨的推导，而不是死记硬背。因此，初高中的家长，可以试着让孩子使用基础知识推理新学的公式、规则、定理等。

其实，新课标和中高考趋势的变化，对学校和老师来说也是不小的挑战。如今，学生的学习时间已经达到了最高点，学校给学生布置的作业过多，反而可能让学生无法有效学习，只能疲于应付。如果学生不经过系统的思维过程，而是简单且机械地调取单个知识点来应付作业，那么他们就没有时间去训练思维能力。学习的核心目标之一是培养思维能力，但学习的过程还涉及知识的获取与积累、技能的掌握与应用等多方面内容。如果学习过程中缺乏思维的参与，那么学习的效果会大打折扣，难以实现深度理解和长期记忆。

因此，新课标改革也会要求学校和老师减少作业量，放慢教学速度。这也是为什么最近大家会发现教材内容以及学校老师讲解的知识点反而不如以前多了。因为老师

VIP 答疑助教

讲得再多，也绝不等于学生学会得多。很多知识，学生学了之后，如果不思考、不运用，很快就会忘记。所以，还不如把精力集中到已经学过的知识点上，重点训练学生的思维能力，让学生做到遇到真实问题时，能够随时运用知识、随时调取出所需的知识。这才是稳扎稳打的策略，也是真正提升学习效率的关键。

8.1.3　新趋势下如何跨学科学习

事实上，由于学校中学生多、老师少，很难针对每个学生进行思维能力的培养。因此，要培养学生的思维能力，就需要家长在日常生活中各显神通，发挥自己的智慧和创造力。

家长首先要了解，未来影响孩子中高考的关键三要素。

（1）基本动机：想不想学（动机问题）。

（2）学习方法：会不会学（学习能力问题）。

（3）思维训练：会不会想（思维问题）。

首先，孩子需要做的是记住知识点，然后将这些知识点串成线、连成片，形成知识体系，内化成自己的东西。而要真正掌握每个知识的来龙去脉，也就是掌握"3w1h"。要知道现在学的知识是如何用之前学的知识发展而来的，又是如何成为今后学习的前提条件和分支。这里也提醒各位，笔记只是辅助学习的工具，它并不起决定性作用，因此不要沉迷于如何做笔记，而是要让孩子超越笔记，形成知识结构的思维导图。

以学习数学中的分数为例：①要记住分数的概念，明确分数由分子和分母组成，分子表示部分的数量，分母表示整体被分成的等份数。②要深入理解分数的本质，明白分数在何时使用以及它表示的含义。③要学习分数的加、减、乘、除等运算方法，掌握其应用技巧。④可以将分数与其他相关知识关联起来，如与比例、百分数、小数等概念相联系，理解它们之间的转换关系。⑤要用分数来解决更多的实际问题，如计算折扣、成分占比等，以加深对分数的理解和应用。

阶段学习结束后，可以总结针对知识点的"3w1h"结构图，以检验自己的学习成果。但是，不建议用AI生成思维导图。因为孩子的思维训练是AI无法代替的，需要孩子亲力亲为。

接下来，要在真实情境中学习：

（1）基于问题进行探究、实践、合作，通过实际操作和团队合作来加深对知识的理解。

（2）在实践基础上，概括自己的结论、总结方法、形成态度。

（3）再用这些结论、方法、态度去解决真实情境中的问题，从而实现对知识的灵活运用。

家长可以从小学低年级开始，就让孩子在真实情景中学习。引导孩子发现问题，而不是直接告诉孩子结论。比如，让孩子在生活中根据自己的兴趣爱好，多观察植物、动物等。在观察过程中，发现问题，提出问题，运用知识来解释和解决问题。通过孩子个性化的自主探究学习，来培养孩子的思维能力。

8.2 DeepSeek 助力数学、语文、英语跨学科学习

到此为止，我们已整体解读了新课标和未来中高考的变化趋势。大家可能担心，在新的趋势下，家长如何辅导孩子呢？接下来，我将深入三个主要学科中，详细为各位家长介绍如何借助 AI 提升孩子各科核心素养和思维能力。

8.2.1 DeepSeek 助力数学跨学科学习

首先，来看如何用 AI 有针对性地提升数学学科的核心素养。小学数学学科的新课程目标如下。

（1）在提高发现问题和提出问题能力的同时，学会用数学的眼光观察世界。

（2）在提高分析问题能力的同时，学会用数学的思维思考现实世界。

（3）在提高解决问题能力的同时，学会用数学的语言表达现实世界。

为了培养孩子这三个数学学习目标，新课标又细致拆分了 11 项核心素养。家长可以先针对性地观察自己的孩子是否具备这些核心素养，然后运用之前讲过的刻意练习方法查漏补缺。

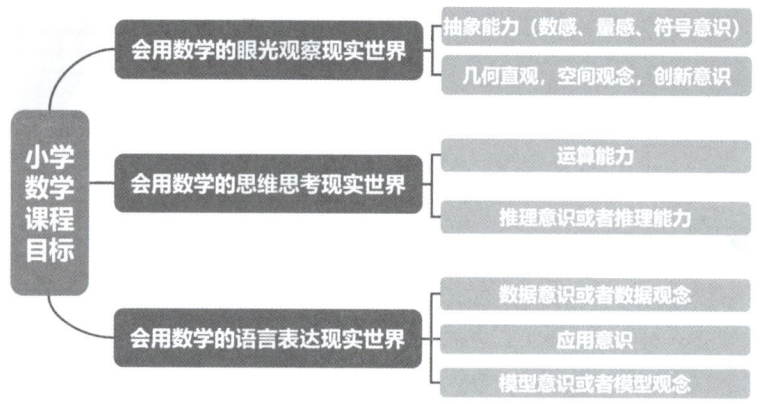

了解新课标要求的小学生需要具备的这 11 项核心素养后,家长就可以利用 DeepSeek 针对每项核心素养生成相应的游戏活动。然后,家长可以在生活中与孩子亲子共学。因为数学是对生活中各种现象的建模,所以这 11 项核心素养都可以轻易地跨学科学习和考核。孩子在平时学习数学时,家长要想办法引导孩子用数学解决现实生活中或其他学科中的问题,如科学学科。

1. 会用数学的眼光观察现实世界

(1)第 1 项核心素养:数感。它主要指对数与数量的基本概念、数量关系的直观感悟,以及对运算结果的认知。孩子要能够在真实情境中理解数的意义,能用数表示物体的个数或顺序;能进行合理估算,并作出合理判断;能初步体会并表达事物数量规律。数感是形成抽象思维能力的经验基础,对数学学习至关重要。

家长可以利用 DeepSeek 根据孩子所学的知识,生成一些真实场景,检验并培养孩子的数感。提示词如下:

> "我是一名小学一年级学生的家长,请帮我选取生活中的素材,设计一个培养小学一年级孩子数感的游戏活动。"

DeepSeek:

游戏名称:家庭数感大闯关

适用场景:厨房 / 客厅(日常家庭环境)

核心能力培养：数量感知、数物对应、简单运算、估算能力

第一关：魔法豆子估测师

材料准备：黄豆/花生（约200粒）、三个大小不同的碗、计时器

游戏规则：

- 初级挑战：家长快速抓一把豆子（约15~20粒），让孩子三秒内目测报数，随后亲子共同点数验证。正确率超60%可获一颗星。
- 进阶挑战：用不同容量碗装豆子（如小碗装30粒，中碗装60粒），让孩子闭眼掂量重量，判断哪个碗的豆子更多，建立重量与数量的关联认知。

数感培养点：

- 通过视觉快速捕捉数量信息（如数豆子游戏升级版）
- 建立重量感与数量级的对应关系（如估算能力培养）

第二关：蔬果超市小掌柜

……（省略后续关卡）

游戏拓展建议：

- 难度升级：

引入"满十进一"概念（如10粒豆子换1枚硬币）。

增加商品价格复杂度（如苹果3元/个，香蕉2元/根）。

- 跨学科融合：

结合语文制作购物清单（培养读写能力）。

用乐高积木搭建数字模型（空间数感结合）。

注意事项：

每次游戏时间控制在20分钟内，保持新鲜感。

错误处理：用"再试一次魔法"代替纠错，如"这颗豆子刚才躲起来了，我

们再数一遍"。

记录成长：用贴纸墙记录每日获得的星星数，满10颗兑换小奖励。

DeepSeek 还非常智能地给出了"游戏拓展建议"，包括跨学科建议，以及"注意事项"。

（2）第2项核心素养：量感。它主要指对事物的可测量属性及大小关系的直观感知。孩子要知道度量的意义，会针对真实情境选择合适的度量单位进行度量，进行不同单位的换算，感知度量工具和方法引起的误差，并能合理估计度量。

例如，可以让孩子测量或估算房屋大小，然后让即梦 AI 生成房屋的平面图，再让孩子计算房屋的面积来验证之前估算的结果。这就是培养量感的手段之一，具体步骤如下：

第一步，启发想象。首先，邀请孩子描述他们梦想中四口之家的房间布局。比如，孩子可能会说想要一个包含爸爸和妈妈的房间、自己的房间、妹妹的房间以及一个客房的家。此外，家里还应有两个卫生间，一个带有大阳台的客厅，以及餐厅和厨房等。

第二步，利用 AI 技术生成户型图。接下来，根据孩子的描述，让 AI 设计出一个具体的户型图，并生成清晰的平面图。这一步不仅让孩子看到自己的想象变成了现实，还为他们提供了一个直观的视觉参考，为后续的数学计算打下了基础。这里可以利用豆包完成，提示词如下：

"生成一个平面户型图。图中包含一个爸爸和妈妈的房间、一个自己的房间、一个妹妹的房间，然后还有一个客厅和一个餐厅。另外，还有两个卫生间、一个阳台、一个厨房。在图中标注每一段的米数。"

在即梦 AI 中挑选质量较好的平面户型图。

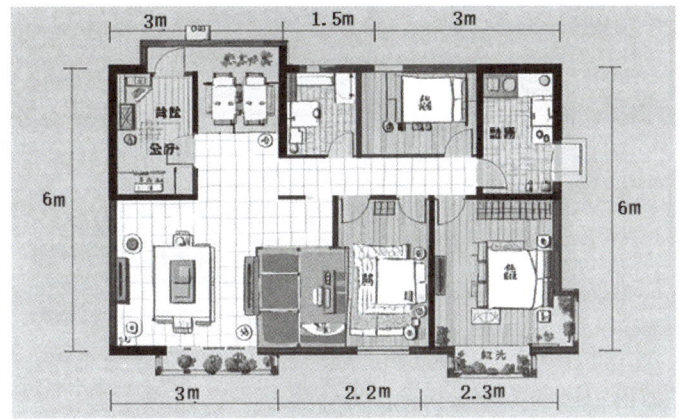

由于 AI 目前很难在图片中精准标注文字，因此需要家长手动补充每段的距离。

第三步，结合户型图进行面积计算。有了户型图后，引导孩子根据平面图上的尺寸信息，计算整个房子的面积。这可以包括每个房间、卫生间、客厅和餐厅的面积等，最后相加得到整个房子的总面积。

通过这一过程，孩子不仅能够学习到面积的计算方法，还能深刻体会到数学在日常生活中的应用。

（3）第 3 项核心素养：符号意识。它主要指孩子能够感悟符号的数学功能，要知道符号表达的现实意义，能够初步运用符号表示数量、关系和一般规律，并且明白用符号表达的运算规律和推理结论具有一般性。

在日常学习中，可以让孩子描述他所学到的新数学符号的作用，以及不同数学符号之间的区别和联系。然后，可以利用 AI 生成答案，为孩子提供指导。例如，可以让 DeepSeek 帮你汇总小学中涉及的所有数学符号及其关系和意义。提示词如下：

> "帮我分类总结小学中所有数学符号的意义、作用和联系，并输出 Markdown 格式的思维导图。"

当 DeepSeek 根据要求生成内容后，可以复制其生成的 Markdown 格式的内容，粘贴到空的记事本文件中，保存为 .md 文件。然后，使用 Markdown 兼容的思维导图软件（如 XMind）直接导入，就可以形成一份涵盖小学阶段所有数学符号的汇总思维导图。

一、运算符号

1. 基础四则运算

- **+（加号）**
  - 意义：表示两个数相加
  - 作用：计算总和，如 3 + 5 = 8
  - 联系：与减号互为逆运算

- **-（减号）**
  - 意义：表示两个数相减或负数标识
  - 作用：计算差值，如 7 - 4 = 3；-3 表示负三
  - 联系：减法可转化为加法（如 5 - 3 = 5 + (-3)）

- **× / ·（乘号）**
  - 意义：表示两个数相乘
  - 作用：计算乘积，如 2 × 3 = 6
  - 联系：乘法是加法的快捷运算（如 3×4=3+3+3+3）

- **÷ / /（除号）**
  - 意义：表示一个数除以另一个数
  - 作用：计算商或分数形式，如 12 ÷ 3 = 4
  - 联系：除法是乘法的逆运算

2. 扩展运算

- **√（根号）**
  - 意义：表示开平方运算
  - 作用：如 $\sqrt{9} = 3$

- **^（指数符号）**
  - 意义：表示数的幂次方
  - 作用：如 2^3 = 8

二、关系符号

1. 比较符号

- **=（等号）**
  - 意义：表示两边数值相等
  - 示例：2 + 3 = 5

- **≠（不等号）**
  - 意义：表示两边数值不相等
  - 示例：5 ≠ 3 + 1

- **>（大于号）/ <（小于号）**
  - 意义：比较数值大小
  - 示例：6 > 3；2 < 5

- **≥（大于等于）/ ≤（小于等于）**
  - 意义：包含相等情况的比较
  - 示例：5 ≥ 3；4 ≤ 6

2. 几何关系

- **∥（平行符号）/ ⊥（垂直符号）**
  - 意义：表示线段的平行或垂直关系
  - 示例：AB ∥ CD；EF ⊥ GH

2. 会用数学的思维思考现实世界

（1）第4项核心素养：几何直观。它主要指孩子能够运用图表，描述和分析问题的意识与习惯。孩子应该能够感知各种几何图形及其组成元素，依据图形的特征进行分类；根据语言描述画出相应的图形，分析图形的性质；建立形与数的联系，构建数学问题的直观模型，如线段、数轴等；利用图表分析实际情境与数学问题，如折线

图、饼状图等，探索解决问题的思路。

然而，识别或生成有规律的数学图形目前是 AI 的弱项，因此不建议使用 AI 辅助。大家可以选择拍照解题软件，多收集、多积累、多训练。这里，我们建议让孩子多读图并根据图进行分析和推理，从而形成图与数的联系。

（2）第 5 项核心素养：空间概念。和几何直观类似，它主要指孩子能够认识空间物体或图形的形状、大小及位置关系。孩子应该能够根据物体特征抽象出几何图形，并根据几何图形想象出所描述的实际物体；想象并表达物体的空间方位和相互之间的位置关系；感知并描述图形的运动和变化规律。

同样，由于当前 AI 技术在复杂几何图形的自动生成与动态推理方面仍存在局限性，因此，这类问题暂时只能靠家长通过其他途径多收集。我们建议平时可以多训练孩子三维图形与二维图形的相互转化，重点是训练想象力，如在脑海中操作三维图形（如旋转、分解、组合等），多做手工，多看地图，也可以很好地训练学生的空间概念。

（3）第 6 项核心素养：创新意识。创新意识是孩子最宝贵，但在小学高年级时最容易减退的意识。新课标规定创新意识的培养是从一年级开始，一直贯通到初中长期的系统的培养过程。而且每学科的新课标中都包含了创新意识的培养规定。因此，创新意识的培养需要家长和孩子在日常生活中善于发现和把握机会，创设情境，不放过任何一个可能锻炼孩子创新意识的机会。

（4）第 7 项核心素养：运算能力。它主要指孩子能够根据法则和运算律进行正确运算。孩子应该明确识别运算的对象和意义，理解算法与算理之间的关系；能够理解运算的问题，选择合理简洁的运算策略解决问题；能够通过运算促进数学推理能力的发展。

关于培养运算能力，可以利用 DeepSeek 根据孩子正在学的知识点生成运算题。在 7.1.2 小节已经演示过了，这不再重复演示。

（5）第 8 项核心素养：推理意识或推理能力。它主要指孩子对逻辑推理过程及其意义的初步感悟。孩子应该能够从一些事实和命题出发，依据规则，推出其他命题或结论；能够通过简单的归纳或类比，猜想或发现一些初步的结论；通过法则运用，体验数学从一般到特殊的论证过程；对自己及他人的问题解决过程给出合理解释。

平时可以根据孩子正在学习的数学知识，利用 AI 探究一些推理的场景，出一些推理题目，训练孩子的推理能力。这次可以选择 DeepSeek，提示词如下：

> "我想培养小学生的推理意识和推理能力，帮我设计一个和小学生一起亲子共学的推理小游戏。"

DeepSeek：

游戏名称：推理探案局——家庭宝藏大搜查

适用年龄：6~12 岁

培养目标：分类归纳能力、逻辑推理能力、数学思维、空间辨识能力

第一阶段：线索收集——数字密码破译

材料准备：

　　自制密码本（A=1、B=2、…、Z=26）

　　藏宝线索卡（含数学谜题）

　　计时器（增加挑战性）

玩法设计：

- 密码破译任务：家长提供加密信息（如"8-15-13-5"对应 HOME），孩子通过数字字母转换规则破解密码。
- 数学谜题解锁：在客厅放置线索卡，例如：

　　"宝藏藏在比 3×4 大 5，又比 20÷2 小 3 的地方"

　　答案：3×4+5=17 → 20÷2-3=7 → 符合条件的是 12，可能指向钟表或第 12 块地砖）

　　教学价值：

　　　　训练代数思维与四则运算能力

　　　　培养信息解码与模式识别能力（如密码破译员设计）

第二阶段：逻辑推演——排除法大挑战

玩法升级：

- 多重线索排除：设置干扰项线索（如3张卡片中只有1张为真），例如：

  线索A：宝藏不在厨房

  线索B：线索A是假的

  线索C：宝藏在书柜第二层

  （需要通过逻辑排除找到真实线索）

- 角色扮演推理：家长扮演"嫌疑人"，孩子通过提问获取信息（如20问破案实录），只能回答"是/不是"。

技巧点拨：

引导孩子用树状图记录可能性（如推理谜题分析法）

加入生活数学元素："嫌疑人下午3点离开，路程需要25分钟，他最晚几点到达公园？"

第三阶段：空间推理——立体寻宝终局

道具创新：

3D折叠地图（用纸箱制作房屋模型）

方位提示卡（如"宝藏在东偏北30°方向，距离起点2m处"）

核心任务：

- 立体空间推演：根据地图比例尺换算实际距离（1:50地图上的3cm=实际1.5m）

- 几何图形解密："用七巧板拼出大象图案，可获得最终线索"（如七巧板挑战赛）

跨学科融合：

数学：角度测量、比例换算

科学：指南针使用与方位认知

游戏拓展与教学建议

- 难度分级机制：

    初级版：单线索直接推理（适合一、二年级）

    进阶版：多重线索＋时间限制（适合三、四年级）

    大师版：加入假线索干扰与密码嵌套（适合五、六年级）

- 错误引导策略：

    用"线索精灵提示"代替纠错（如"注意看钟表数字排列规律哦！"）

    设置"复活卡"机制，允许用一道数学题换取提示（如解方程 $2x+5=15$）

- 成果可视化：

    制作"侦探成长手册"，记录每次推理用时与准确率

    用柱状图对比进步数据（家庭数据调查法）

接下来，家长就可以参考 DeepSeek 返回的游戏设计，和孩子一起亲子共学，培养孩子的推理能力。

3. 会用数学的语言表达现实世界

（1）第 9 项核心素养：数据意识或数据观念。它主要指孩子对数据的意义和随机性的感悟。孩子应该知道在现实生活中，有许多问题应当先做调查研究，收集数据，从而感悟数据蕴含的信息；同样的事情，每次收集到的数据可能不同，但只要有足够的数据，就可能从中发现规律；同一组数据可以用不同方式表达，需要根据问题的背景，选择合适的表达方式。

家长可以在生活中，根据孩子正在学习的数学知识，利用 DeepSeek 发现并创设一些适合小学生的数据收集、分析、统计的场景。提示词如下：

> "我想培养六年级小学生的数据意识，请帮我创设一个符合六年级小学生能力水平和兴趣爱好的自主探究学习项目。"

这里给大家留出空间，尝试使用 DeepSeek 生成结果，然后与孩子共同完成数据收集、分析项目的过程，培养孩子的数据意识。

（2）第 10 项核心素养：应用意识。它主要指孩子有意识地利用数学的概念、原理和方法解释现实世界中的现象与规律，解决现实世界中的问题。孩子应该能够感

悟到现实生活中蕴含着大量与数量和图形有关的问题,可以用数学的方法予以解决;初步了解数学作为一种通用的科学语言在其他学科中的应用,通过跨学科主题学习建立不同学科之间的联系。

和之前的推理、数据、模型意识一样,应用意识的训练也要鼓励孩子多探索生活中的现象,归纳数学问题,并用数学解决问题。家长可以参照前面三种意识的AI用法,帮孩子发现真实情境,探究数学问题。

(3)第11项核心素养:模型意识或模型观念。主要是指孩子对数学模型普适性的初步感悟。孩子应该知道数学模型的普适性,即同一模型可应用于多种相似问题场景;能够认识到现实生活中大量的问题都与数学模型有关;有意识地用数学模型的概念予以解释。

家长可以利用AI,根据实际情境出发,训练孩子从数学的视角发现问题、提出问题、分析问题、建立模型、确定参数、计算求解、验证结果、改进模型,最终求解实际问题。提示词如下:

> "我想培养六年级小学生的模型意识或模型观念,如生活中的总量=分量+分量;总价=单价×销售量;路程=速度×时间,这些都是最简单、最典型的数学模型。请帮我根据这些数学模型出三道生活中耳熟能详的跨学科场景题,来培养孩子的数学模型意识。要求:不要超出小学六年级的知识和能力范围。"

DeepSeek:

题目一:超市购物优化——总价模型(经济+数学)

场景背景:小华发现社区超市推出酸奶促销活动:买3瓶送1瓶(6元/瓶),同时满20元可减5元。妈妈给他30元预算,要求至少购买5瓶酸奶。

问题链设计

- 建立总价模型:总价=6×购买数量−5×满减次数−6×赠送瓶数。

(示例:买5瓶需要支付5×6=30元,满足满20元减5元,实际支付25元,获得5+1=6瓶。)

- 计算购买 5 ～ 8 瓶时的实际支出，用表格对比性价比。
- 绘制"购买数量—实际单价"折线图，找出最优方案。

教学目标

  巩固总价 = 单价 × 数量的基础模型

  理解满减、赠品叠加时的分段函数特性

  培养最优化决策思维（经济学启蒙）

题目二：植物生长实验——线性模型（科学＋数学）

场景背景：科学课上，小明记录绿豆发芽实验数据：第 3 天苗高 2cm，第 6 天达到 5cm。老师提示生长符合匀速模型。

问题链设计

- 建立生长模型 $H=at+b$，计算日生长量和初始高度（解方程得 a=1cm/天，b=-1cm）。
- 预测第 10 天的高度，并用坐标纸绘制生长曲线。
- 对比仙人掌（月均生长 0.5cm）和爬山虎（日均生长 3cm），分析哪种植物更符合线性模型。

教学目标

  掌握匀速模型 $H=at+b$ 的构建方法

  通过实验数据验证模型合理性（科学探究方法）

  认识生物生长模型的局限性（S 型曲线前期近似线性）

题目三：家庭骑行计划——运动合成模型（体育＋数学）

……（省略后续内容）

  我们可以随时让 DeepSeek 仅针对小学数学学科，简单规划一套培养孩子创新意识的参考样板方案。提示词如下：

  "孩子即将上小学一年级，请帮我规划一套小学六年如何逐步培养孩子在数学学科上的创新意识的跨学科参考场景和培养方法。"

DeepSeek 会返回一套参考方案,但请注意,这套参考方案不可能涵盖创新意识培养的方方面面。因此,这里不再统一展示。而是由大家自行使用以上提示词生成方案后,学习参考,并在生活中与孩子亲子共学。

4. 知识体系的构建

其实,以上 11 项核心素养更多的是针对知识点与真实情境的结合提出的。但是孩子经过一个阶段的学习,如一个月、一个学期、一学年等,需要将所学的知识形成体系结构,这样方便今后遇到问题时,能随时调用。因此,建议各位家长可以用 DeepSeek+XMind,帮助孩子搭建阶段知识点的体系结构。这里,我们可以挑战让 DeepSeek 生成小学六年的完整的数学学科知识点思维导图。提示词如下:

"孩子现在小学六年级即将毕业,要参加结业考试了。请你帮我搭建一下小学数学的整体知识体系框架思维导图。要突出知识的来龙去脉(3w1h),以及知识点的前后置衔接关系。最终整理成 Markdown 格式的思维导图。仅返回一套完整的 Markdown 格式的思维导图即可,不用生成其他说明性文字。"

当 DeepSeek 根据要求生成内容后,可以把 DeepSeek 生成的 Markdown 格式的文档保存为 .md 文件,并导入 XMind 中,形成思维导图给孩子参考复习之用。

然而,在实际操作中,我们不建议把这么庞大的任务交给 AI 工具一次性完成。因为现阶段,AI 工具的能力有限,尤其是能处理的内容的篇幅有限。在生成长篇内容时,准确率可能会大打折扣。因此,还是建议家长按年级或知识点让 DeepSeek 分段梳理知识结构。

5. 运算能力的训练

另外,有一项训练不可避免地要让孩子亲自多加训练,谁也代替不了,那就是运算能力。可以让 DeepSeek 出题辅助孩子练习传统口算。需要注意的是,要提前告知 AI 孩子现在的学习阶段和出题的难度。提示词如下:

"请帮我生成20道适合小学三年级数学的口算题。"

最后，要想轻松应对数学跨学科真实情境题，还是要多做这类题。需要注意的是，真实情境题不等于我们家长小时候做的应用题。这类题型较新，所以可以先用手机拍下已有的典型真实情境题给 AI。让 AI 先学习，分析出题思路，解题步骤等。然后等 AI 学会了，再让 AI 给孩子反复出相似的真实情境题练习。提示词如下：

"这是两道跨学科情景题，请模仿这两道题帮我再出两道跨学科情景题。"

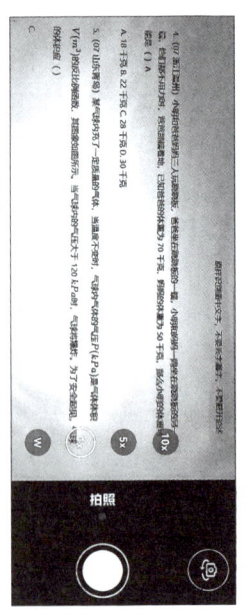
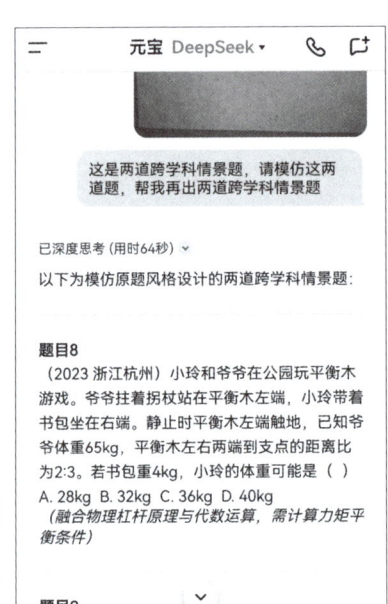

这里依然要注意现阶段 AI 的缺陷。如果跨学科情景题带图，则 DeepSeek 就很难准确解析了。大家可以尝试利用豆包拍照，如果豆包也解析不了复杂图形，就只能退而求其次，用拍照解题软件了。

6. 初中教学的挑战

初中阶段的数学，虽然还是那几项核心素养，但要求有了提高，如增加了抽象能力。

（1）抽象能力。它是指需要孩子从已知条件归纳概括数学概念或命题，把握事物本质的能力。其实，家长可以通过 AI 来评估孩子归纳概括数学概念的能力，并进行针对性训练。

例如，可以使用以下提示词用 DeepSeek 来评测一下孩子的抽象能力。提示词如下：

"我的孩子上小学六年级，即将升入初一，而初一数学学习需要孩子具备抽象能力。请你帮我出一套评估问题，评估一下我孩子的数学抽象能力。"

DeepSeek：

一、数概念抽象能力评估

1. 水平一（基础辨认）

题目：将 15 颗混合的草莓和蓝莓分成两堆，要求孩子完成以下操作。

用分数表示草莓占比（如 5/15 → 1/3）。

用小数表示蓝莓比例（如 0.66…）。

评估目标：能否从实物中抽象出数概念。

2. 水平三（高阶解释）

题目：观察数列（3，9，15，21，27，33），找出"与众不同"的数并说明理由（如 3 是唯一质数）。

评估重点:能否发现数的本质属性差异。

二、数量关系抽象能力评估

1. 实际情境建模

题目:超市购物场景如下。

  苹果单价6元/斤,香蕉3.5元/斤,预算50元。

  要求建立购买组合的数学表达式(如$6x+3.5y \leq 50$)。

  观察点:能否将生活问题转化为代数关系。

2. 多角度问题解决

题目:计算餐厅账单(消费238元,优惠券减50,现金支付后找零)。

  要求用两种方法计算(如238-50=188;200-188=12)。

  评估目标:灵活运用数量关系的能力。

三、图形关系抽象能力评估

1. 图形特征分类

题目:给出一组图形(含等边三角形、等腰梯形、不规则四边形等),要求如下。

  按对称轴数量分类。

  说明分类依据(如轴对称性)。

  评估重点:能否抽象出图形本质特征。

2. 动态图形推理

题目:观察旋转的长方体透视图(绕中心轴旋转30°、60°、90°),判断旋转后的投影形状。

评估目标:空间想象与图形关系抽象能力。

  通过类似这样的参考题,可以初步测试一下孩子的数学抽象能力。

  (2)运算能力。当然,运算能力还是基本技能,需要孩子反复练习。可以利用AI提供运算题目,来评估孩子的运算速度和准确性,并制订个性化训练计划。

  (3)几何直观。由于目前AI在几何图像生成和处理能力上有所欠缺,因此家长需要选择第三方拍照解题软件来辅助,并且平时多注意收集相应的题目,对孩子加以训练。

（4）模型观念。这里对其要求提高了，要求孩子能够用数学语言抽象表述现实问题，并用数学来理解、表达和解决问题。其实家长可以利用 AI 设计现实问题模型，来评估孩子用数学表达和解决问题的能力，也可以用于训练孩子的模型观念。提示词如下：

> "我的孩子上初一，需要建立数学模型观念，就是能够用数学语言抽象表述现实问题，用数学理解、表达、解决问题的过程。请帮我出一些测试题，专门评估孩子的数学模型观念是否存在漏洞。"

DeepSeek 可以为你生成一套测试题，以此来评估孩子在数学模型观念方面的能力是否合格，并进行针对性训练。

（5）数据观念。培养孩子的数据观念固然重要，但在此基础上，进一步提升为更专业的概率与统计知识也必不可少。这要求孩子能够合理分析和处理数据。同样，家长也可以用 AI 设计现实问题数据，评估孩子数据统计和分析的能力。提示词如下：

> "我的孩子上初一，需要建立数学数据观念，就是能用数学的概率与统计知识，合理分析和处理数据。请帮我出一些测试题，专门评估我孩子的数学数据观念是否存在漏洞。"

（6）推理能力。这里要求提高了，要求学生在猜想与验证中，形成演绎推理能力；在联系已知中，寻找共性发展类比推理能力；在概念分析中，形成归纳推理能力；在变式训练中，提升推理运用能力。家长依然可以借助 AI，设计真实情境的推理题目，评估孩子推理过程和结论的正确性，也可以用于训练孩子的推理能力。提示词如下：

> "我的孩子上初一，需要建立数学推理能力，就是要求学生在猜想与验证中，形成演绎推理能力；在联系已知中，寻找共性发展类比推理能力；在概念分析中，形成归纳推理能力；在变式训练中，提升推理运用能力。请帮我出一些测试题，专门评估我孩子的数学推理能力是否存在漏洞。"

（7）应用意识。这里要求更细致，初中数学的"应用意识"要求孩子：

1）意识到数学是认识、理解与表达现实世界的一种基本方式。例如，能够主动发现、提出、分析和解决现实生活中的数学问题，孩子应该可以感悟到数学思想方法的简约性、条理性与严谨性。

2）意识到数学与现实世界有着密切的联系。例如，知道数学中的绝大多数概念、原理和方法都源自现实世界中的模型、规律及人类的经验；反过来，现实世界中的绝大多数现象、结构、规律又可以用数学的概念、原理和方法来解释、分析与洞察。

3）愿意参与跨学科的综合与实践活动，了解数学在其他学科中的应用。例如，知道物理中的杠杆原理可以用简单的数学公式表示，欣赏对称图形在艺术、建筑设计中的运用，知道海王星的发现是数学计算的结果，了解神奇的计算机和网络靠的是数学原理支撑运行的等。

家长依然可以用 AI 设计跨学科综合任务，让孩子用数学解决实际问题，然后再用 AI 评估应用效果，或训练孩子的应用能力。提示词如下：

> "我的孩子上初一，需要建立数学应用意识。就是要求孩子：
>
> （1）意识到数学是认识、理解与表达现实世界的一种基本方式。例如，能够主动发现、提出、分析和解决现实生活中的数学问题，孩子应该可以感悟到数学思想方法的简约性、条理性与严谨性。
>
> （2）意识到数学与现实世界有着密切的联系。例如，知道数学中的绝大多数概念、原理和方法都源自现实世界中的模型、规律及人类的经验；反过来，现实世界中的绝大多数现象、结构、规律又可以用数学的概念、原理和方法来解释、分析与洞察。
>
> （3）愿意参与跨学科的综合与实践活动，了解数学在其他学科中的应用。例如，知道物理中的杠杆原理可以用简单的数学公式表示，欣赏对称图形在艺术、建筑设计中的运用，知道海王星的发现是数学计算的结果，了解神奇的计算机和网络靠的是数学原理支撑运行的等。
>
> 请帮我出一些测试题，专门评估我孩子的数学应用意识是否存在漏洞。"

综合以上几条提示词，发现很有规律，因此总结出一个统一的提示词模板：

> "我的孩子上初[年级]，需要建立数学[核心素养]能力，就是要求学生[新课标中的要求]。请帮我出一些测试题，专门评估我孩子的数学[核心素养]是否存在漏洞。"

（8）创新意识。最后，最重要的依然是创新意识！要求孩子：

1）初步学会通过具体的实例，运用"归纳"和"类比"，发现数学关系与规律，提出数学命题与猜想，并加以验证。

2）勇于探索一些开放性的、非常规的实际问题与数学问题。

家长依然可以用 AI 创设，选择一些真实情境，并鼓励孩子提出新问题，然后用 AI 评估孩子的猜想和解决方案的创新性。提示词如下：

> "孩子今年上初一，请帮我根据初一孩子的兴趣爱好和身边耳熟能详的生活场景，结合初一数学对孩子创新意识的要求，帮我创设 10 个培养数学创新意识的自主探究学习场景。"

DeepSeek 会创设 10 个自主探究场景来培养孩子的创新意识。但和小学阶段一样，创新意识的培养绝不止 10 个场景这么简单，需要持续、随时随地地创设场景来培养和训练。

8.2.2　DeepSeek 助力语文跨学科学习

在之前的内容中，我们见识了很多真实情景题。大家是否发现，这些题有一个共同的特点：题干特别长。其实，超长的题干也是未来中高考的趋势之一。这已经超出了考查数学能力的范畴，而是语文能力与数学能力的跨学科考查。因为孩子要想做出这种数学题，前提是必须先快速读懂题，提取关键信息，并过滤掉次要信息。在这种情况下，审题画批是必不可少的。我们在语文和英语阅读理解中讲到的让孩子练习审题画批，结果在数学中同样受用。接下来，将讲解如何用 AI 助力训练语文跨学科学习的核心素养。

语文新课标强调了语文的核心素养和跨学科的重要性。尤其是读懂题目并准确捕捉重点信息的能力。未来情景题的特点是题干长，这要求考生具备良好的阅读耐心和信息提取能力。语文基础不好的学生，在面对长题干时，往往会无从下手，缺乏耐心或难以抓住重点，更别说做题了。但是，大家有所不知，语文核心素养和数学核心素养一样，绝对是从小学一年级就要开始培养的核心能力之一。

新课标中明确从小学一年级开始，到初中三年级，完整规划了一系列连续培养语文核心素养能力的路线图。家长必须清楚知道这条路线每个阶段分别培养什么能力，然后观察并助力孩子在每个阶段是否达到相应的语文核心素养能力要求。

例如，新课标语文对小学一、二年级学生的要求是：在阅读时，重点训练想象画面。如孩子看到文字、词语，就能与脑海中的印象、记忆直接相连，形成画面。这样就不用机械地一笔一画或拼音记文字啦！这种训练如果不到位，可能会影响学生整个小学阶段，甚至未来捕捉有用信息的能力。

因此，平时孩子学习汉字时，家长们可以用 AI 工具，辅助分析汉字的象形意义，并进一步生成象形图片，助力孩子联想记忆。这和之前讲过的为英语单词配图，助力快速记忆是一个道理。这同样需要 DeepSeek + 即梦 AI 的配合。例如，要为"雷"字生成象形意义并配图，可以分以下两步。

第一步，先用 DeepSeek 生成"雷"字的象形意义。提示词如下：

> "我在教小学一年级学生学习'雷'字。请你帮我从象形文字的角度，拆解'雷'字为什么是现在这个组成结构。"

DeepSeek 会回复"雷"字最初甲骨文的样子，以及逐渐简化到现在"雷"字的演变过程。

DeepSeek：

一、甲骨文阶段的闪电与雷声

1. 中间闪电形

甲骨文"雷"字中间的曲折线条（⚡）象形闪电划破天空的形态，这是古人观察雷电现象最直观的视觉符号。

2. 周围雷声符号

闪电周围的圆圈（○）或小点（·）象征雷声的轰鸣。古人认为雷声如同车轮滚动般连续不断，因此用多个圆形符号模拟声音的震动与扩散。

二、金文阶段的"雨"与"车轮"结合

1. 新增"雨"字头

金文在甲骨文基础上增加"雨"（☁），表示雷多伴随雨天出现，体现自然现象关联性。如"雷雨交加"即源于此结构。

2. 车轮状声波符号

闪电符号两侧的车轮形（☰）进一步强化雷声如车轮滚动的比喻。四个车轮形（后简化为三个）排列，既像声波传递轨迹，也暗含"连续巨响"的含义。

三、小篆至楷书的简化定型

1. "雨"下简化为"田"

小篆将车轮形符号规范为三个"田"（畾），形成"雨+畾"结构（写作"靁"）。隶变后，"畾"简化为单个"田"（雷），但保留了"雷声连续"的意象。

2. 现代字形解析

今天的"雷"字可拆解为：

- 雨：表示与天气相关。
- 田：象征雷声如田间滚动的车轮声。

四、教学建议

用比喻帮助理解：闪电像树枝劈开天空（画⚡），雷声像许多小石头掉进水里"咚咚咚"（画〇）。下雨时它们一起出现，所以"雷"字上面是雨，下面是声音符号。

虽然 DeepSeek 描述得很详细，但是我们还是觉得不够形象。既然是用象形方式讲解，那文字肯定赶不上图片直观。

第二步，用 DeepSeek 生成 AI 绘图提示词，然后将生成的提示词交给即梦 AI 绘制图片，并标上"雷"字。提示词如下：

> "请你帮我生成一段 AI 生图提示词,用于生成一张图片,能够形象地诠释'雷'字为什么是现在这样的结构,每部分分别表示什么意思。"

然而,DeepSeek 生成的 AI 生图的提示词可能有些烦琐。我们稍作删减后,最终发给即梦 AI 的提示词如下:

> "中国水墨风格,乌云密布的天空下,左侧展示甲骨文的雷字。
> 雨字头:顶部灰色云层中落下透明雨滴,雨滴组成篆书'雨'字结构。
> 中心闪电:金色曲折闪电贯穿画面。
> 田形车轮:底部三个旋转的金色车轮组成'田'字。
> 色调:暗蓝灰色乌云+亮金色声波+靛青闪电,水墨肌理与光效粒子结合,重点部位做发光处理。"

即梦 AI 生图结果中最能如实反映"雷"字语义的图如下所示。其含义为雨天,每当出现闪电时,就会发出如车轮般的轰隆声,即为"雷"。

进入三、四年级,新课标语文要求学生开始训练将画面连成事件的能力,进一步提升阅读理解和思维连贯性。这时,家长就可以用 AI 根据孩子正在阅读的句子或段落,生成图片或视频。我们在之前演示 DeepSeek 提升语文背诵效率时已经演示过这一过程,这里不再重复。

第 8 章 紧跟新课标 1：用 DeepSeek 轻松跨学科学习

到了五、六年级，要求学生在阅读中体会事件中的情感和思考，培养更深层次的阅读理解能力。但孩子生活经历毕竟很有限，有时候甚至与作者生活的年代相距久远，很难准确体会作者或主人公的感受。这时，家长就可以用 AI 为孩子生成文章中的时代背景画面或视频，带领孩子穿越回作者生活的年代，辅助孩子理解文章中蕴含的情感、目的和思考。甚至可以让 AI 进行角色扮演，与孩子跨越时空地进行对话。对孩子来说，这一定是一场奇妙之旅。我们在 4.3 节讲解 AI 提升语文阅读理解能力时已经提到过，这里不再重复。

进入初中阶段，要求孩子要注重阅读后的练习和文章写法的训练。学生需要学会本能地运用比喻、对比等写作技巧来丰富自己的文章。我们在 3.2 节讲解 AI 提升语文写作能力时，也已经提到过，这里不再重复。

其实，无论将来考试中的哪一学科，只要出现超长的题干，考查的都是孩子的语文功底是否扎实。而且，不知道大家是否发现，整本书在撰写 AI 提示词时，都要求逻辑清晰、表达准确。因为只有提示词的意义表达准确了，才能保证 AI 返回的结果是我们想要的。这就像生活中，你给另一个人交代任务时，怎么保证你交代任务后，对方能 100% 按你的要求完成任务一样。所以，大家是否发现，原来语文能力才是 AI 时代人人必须具备的核心能力。

8.2.3　DeepSeek 助力英语跨学科学习

本小节将讲解英语跨学科学习。英语这个学科无论从学习方法，还是从学习内容上，都与数学和语文有较大差异。那么，如何用 AI 助力英语跨学科情境学习呢？

例如，2024 年高考英语真题中就展现了新课标对英语学科要求的难点与特色。主要体现在对原版语料、跨学科融合以及语言实际运用的重视上。对于词汇量有限的学生来说，面对大量生词和词性转换、一词多性、熟词生义的考查，无疑增加了做题的难度和心理压力。

新课标的英语跨学科特点，可以概括为"5 重 1 轻"。其中，"5 重"是指重词汇、重阅读、重文化、重口语和重写作。

（1）重词汇：中高考词汇量明显增加，背单词在未来更加重要。可以回看 5.3 节

的内容，专门讲解了 AI 如何辅助背单词。

（2）重阅读：未来，中高考英语阅读理解的主题更加多元化，更多引用原版语料的文章。这就需要学生更广泛地阅读原版语料。可以回看 4.4 节的内容，专门讲解了 AI 如何辅助英语阅读。

（3）重文化：这也为孩子未来的英语阅读的主题选择指明了方向，绝不是盲目选择。文化重点包含两个方面：①增加中国文化元素，培养文化自信；②扩展国际视野，正确认识文化差异。因此，孩子需要针对以上两个方面，分别多多阅读。

（4）重口语和重写作：众所周知，学英语不能只输入（不能只学不用）。英语是工具，一定要输出，即能说、能写，才算真的学会英语了。因此，家长需要适当增加孩子口语的练习和写作的练习。关于口语练习的题材和写作的主题，可以参考"重文化"中提到的两个方面，有针对性地训练口语和写作。

当然，训练口语和写作也是 AI 的特长。因此，家长们完全可以按照前几章节的演示，借助 AI 工具助力孩子英语词汇、阅读、文化、口语和写作的训练。

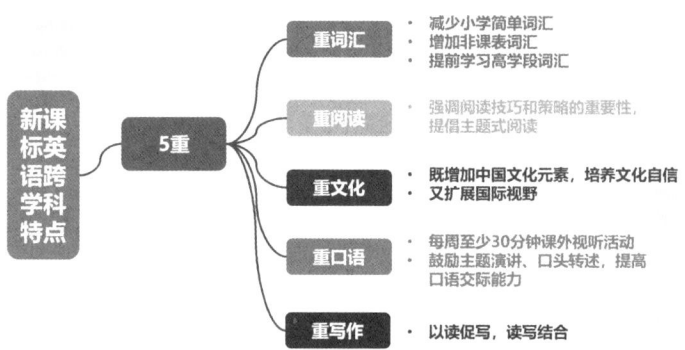

新课标还注重跨学科的融合。将英语学习与"人与自然、人与自我、人与社会"等主题相结合。涵盖科学、生活常识、历史、文化、天文、地理、艺术生态等多个领域。不过，这么多领域都是英语训练的主题选择范围，本身就增加了复习和备考的难度。因此，还是那句话，平时要多阅读原版语料。

而英语的"一轻"，则是指"轻语法"。未来中小学语法的学习，要求通过语境和真实语料的阅读，引导学生自然习得。这就更凸显了英语阅读的重要性。因此，未来如果要学语法，也是让孩子通过多阅读、多练习口语和写作，在日常使用中自然学习语法，如时态、主／被动等。

第 9 章 紧跟新课标 2：DeepSeek 培养中小学生的核心素养

9.1 核心素养的概念

新课标和中高考的趋势已经表明，未来中小学教育和考试重在培养和考核学生的核心素养。那么什么是核心素养？核心素养又包含哪些内容？

核心素养指的是学生在学习过程中形成的适应个人终身发展和社会发展需要的必备品格和关键能力。核心素养中包含了思维能力、创造力等未来 AI 时代孩子走入社会的必备技能。实际上，新课标中规定，中小学开设的每门学科都有各自专门要培养和考查的核心素养。而且，核心素养的培养是贯穿从一年级到初中的一整套长期、系统的过程，绝不是靠死记硬背、临阵磨枪、考前突击能获得的。因此，无论你的孩子现在处于哪个年级，都涉及核心素养的培养。

此外，由于孩子的成长过程是不可逆的，某些核心素养（如创造力）在小学低年级存在发展敏感期，早期培养能取得更显著的效果。其实，核心素养的培养过程与知识的积累过程相似，每升入一个新学年，学生都会用到前一阶段培养的核心素养来学习新知识、解决新问题。就像知识漏洞一样，如果前一学年的核心素养存在漏洞，那么势必影响下一学年乃至今后的学习。

因此，对于孩子核心素养的培养，家长越早关注，越早开始，效果越好。对于即将步入小学一年级的学生家长来说，刚好可以跟随新课标的培养路线，按部就班，只要保证孩子每个学年能达到对应的核心素养要求即可。但是，如果孩子现在已经处在小学高年级，甚至已经上初中，就需要家长尽快介入。例如，可以用本章提供的 AI 工具作为辅助，及时排查并弥补孩子在核心素养上的不足，并进行针对性强化。

实际上，还有一种情况是新课标发布不久，一线中小学的教师和课程在观念上、学习方法上没来得及全部调整到位。在这种情况下，家长需要通过学习本章内容讲解的各科各年级核心素养要求和培养方法，自主介入来帮助孩子提升核心素养能力。

接下来，我们就分学科来介绍如何在各年级培养孩子各学科的核心素养。内容涵盖了数学、语文、英语、小学科学以及初中物理、化学、生物等学科教育。探讨如何通过这些关键学科的学习和训练，提升学生的核心素养和思维能力

9.2 DeepSeek 如何培养中小学生各学科的核心素养

9.2.1 DeepSeek 培养数学学科的核心素养

还是先说数学学科。在第 8 章中介绍数学跨学科学习时，已经详细介绍过数学学科的 11 项核心素养，在此不再赘述。其实，AI 辅助中小学数学核心素养训练，总结起来为以下三步。

（1）提问：结合生活实例，引导孩子提问，发现数学信息，提出数学问题。

（2）AI 自主探究：利用 AI 工具探究数学规律和规则，运用归纳推理发现数字规律，通过演绎推理验证公式适用范围。

（3）形成知识结构：概括数学规律，融入已有知识体系，并尝试讲解给他人。

做到这三点，孩子的数学核心素养的培养就基本没问题了。

另外，尤其注意无论哪个学段，要想培养数学创新素养，都是在这个学段开始之前提前让 DeepSeek 做规划。创新意识是最难以事后补救的核心素养，希望引起家长们的重视。

由于第 6 章对 DeepSeek 提升数学能力的讲解非常详尽，因此本章仅做总结。大家可以依据中小学数学核心素养中要求的指标，与 DeepSeek 持续探讨 AI 如何更好地助力孩子数学能力的提升。

最后提醒大家，虽然目前 AI 工具在读取带图数学题和生成带图数学题时还存在不足，但这个问题的解决也只是时间问题，请大家持续关注教育类 AI 工具的发展情况，并多多试用。

9.2.2 DeepSeek 培养语文学科的核心素养

新课标中早已为中小学每门学科都规定了各阶段核心素养培养目标。接下来，将介绍 DeepSeek 如何助力培养中小学生语文学科的核心素养。

中小学生语文核心素养主要包含 4 个方面：语言建构与运用能力、思维发展与提升能力、审美鉴赏与创造能力、文化传承与理解能力。虽然第 8 章中已详细讲述，但没有总结出这 4 项核心素养。接下来，给大家补充讲解一下。

第 1 项核心素养：语言建构与运用能力。这一核心素养主要关注学生的语言表达能力。学生应该能够积累和掌握一定数量的词汇和语法知识，能够正确理解和运用语言文字，并能够在口语和书面语中运用语言进行有效的交流和沟通。我们可以用 AI 提供语言表达能力的练习，或评估孩子表达能力。套用之前的提示词模板，编写以下提示词：

> "我的孩子上初一，需要建立语文语言建构与运用能力，就是要求学生能够积累和掌握一定数量的词汇和语法知识，能够正确理解和运用语言文字，并能够在口语和书面语中运用语言进行有效的交流和沟通。请帮我出一些测试题，专门评估我孩子的语文语言建构与运用能力是否存在漏洞。"

第 2 项核心素养：思维发展与提升能力。这一核心素养主要关注学生思维能力的发展。学生应该通过语文学习，培养分析、比较、归纳、演绎等思维能力，能够运用批判性思维审视文本，探究问题，形成自己的见解。家长可以用 AI 设计语文思维训练题目，评估孩子分析、比较、归纳等思维能力，或者进行专项训练。套用之前的模板，编写以下提示词：

> "我的孩子上初一，需要建立语文思维发展与提升能力，就是要求学生能够通过语文学习，培养分析、比较、归纳、演绎等思维能力，能够运用批判性思维审视文本，探究问题，形成自己的见解。请帮我出一些测试题，专门评估我孩子的语文思维能力是否存在漏洞。"

第 3 项核心素养：审美鉴赏与创造能力。这一核心素养主要关注学生的审美能力。

学生应该能够感受和鉴赏文学、文化等各类作品所表现出的音韵美、意象美、境界美等，并能够运用所学知识进行文学和文化的创意表达。家长可以用 AI 提供文学作品，评估或训练孩子审美鉴赏与创造能力，鼓励创意表达。套用之前的提示词模板，编写以下提示词：

> "我的孩子上初一，需要建立语文审美鉴赏与创造能力，就是要求学生能够感受和鉴赏文学、文化等各类作品所表现出的音韵美、意象美、境界美等，并能够运用所学知识进行文学和文化的创意表达。请帮我出一些测试题，专门评估我孩子的语文审美鉴赏与创造能力是否存在漏洞。"

第 4 项核心素养：文化传承与理解能力。这一核心素养主要强调学生对传统文化的传承和理解。学生应该能够理解和尊重中华优秀传统文化，继承和弘扬中华优秀传统文化，同时也要理解和尊重其他民族的文化，具有一定的跨文化交流能力。这一点，其实不用 AI 也能实现，家长可以多让孩子看一些弘扬中华优秀文化的电视节目和影视作品，如《典籍里的中国》等。这些节目一定会让孩子有很深的触动。

正如第 8 章最后总结的那样，中高考改革中大篇幅真实场景题越来越多，需要孩子们快速吸取知识、去粗取精、抓住关键词。加之未来与 AI 对话，驾驭 AI 工具，都要用到系统的、清晰的语言沟通能力来编写提示词。因此，语文学科难道不是未来 AI 时代真正隐藏的王者吗？

9.2.3　DeepSeek 培养英语学科的核心素养

与数学、语文学科一样，新课标中同样为英语学科也定义了详细的核心素养培养路线。中小学英语的核心素养主要侧重于语言能力、文化意识、思维品质、学习能力的培养。这些要求看起来和语文的核心素养相似。9.2.2 小节已详细讲过，但没有上升到这 4 项核心素养的层面。接下来，我就针对这 4 项核心素养，重新归纳一下 AI 辅助英语学习的策略。

第 1 项核心素养：语言能力。它是指学生运用语言和非语言知识以及各种策略，在特定情境下参与相关主题的语言活动时所表现出来的语言理解和表达能力。家长可以利用 AI 评估和训练孩子的语言理解和表达能力，如分析和训练孩子的口语和书面表达。

第 2 项核心素养：文化意识。它关注学生对中外文化的理解和对优秀文化的鉴赏所表现出的跨文化认知、态度和行为选择。学生应该能够比较文化异同，汲取文化精华，逐步形成跨文化沟通与交流的意识和能力。学生需要学会客观、理性看待世界，树立国际视野、涵养家国情怀、坚定文化自信，形成正确的世界观、人生观和价值观。在学习和理解国内外不同文化的同时，我们更应该在理解多元文化基础上，增强对中华文化的认同感。家长和老师可以采用以下路线培养学生的文化意识："识别文化符号（如节日、食物）→理解文化内涵（如感恩节的价值观）→开展文化对话"。

第 3 项核心素养：思维品质。它主要关注学生在理解、分析、比较、推断、批判、评价、创造等方面的层次和水平。家长可以参考之前章节中 AI 提升英语阅读、写作、听力以及单词记忆方面的做法，创设开放性情境，从不同角度和层次评估和训练孩子的英语思维水平。这一点其实是其他能力的综合反馈，如果理解、分析、比较、推断、批判、评价、创造这些能力都很好，思维品质自然优秀。

第 4 项核心素养：学习能力。它关注学生英语学习的策略、拓展英语学习的渠道和提升学习效率的意识和能力。家长可以用 AI 根据孩子的学习习惯和进度，提供个性化的学习资源和建议，从而帮助提升学习效率。

以上 4 项英语学习核心素养可以套用提示词模板，让 DeepSeek 帮我们生成评估和训练题目，或者让 DeepSeek 创设英语学习情境。例如：

> "我的孩子上初一，需要培养英语语言能力，就是指学生运用语言和非语言知识以及各种策略，参与特定情境下相关主题的语言活动时，表现出来的语言理解和表达能力。请帮我出一些测试题，专门评估我孩子的英语语言能力是否存在漏洞。"

本书前几章中已经对 DeepSeek 助力提升英语学习能力进行了详细的讲解，这里仅作为总结。大家可以遵循 4 项英语学习核心素养要求，继续与 DeepSeek 探讨更多 AI 助力英语学习的方式和方法。

9.2.4　DeepSeek 培养小学生科学的核心素养

提到各学科创新意识的培养，以及跨学科学习，有一门学科是最适合培养创新和跨学科学习的，这就是科学课。小学阶段的课程称为科学课，而到了初中阶段，在小学科学课程的基础上，会设物理、化学、生物学等独立学科。

首先，千万不能再小看小学科学课了。小学科学课的比重逐年增加，而从新课标的规划来看，小学科学课是为初中物理、化学、生物打基础的。新课标认为，孩子科学家思维的培养应从小学一年级开始。因此，各位家长一定要从小学阶段就重视科学素养的培养。小学科学课的 4 项核心素养包括科学观念、科学思维、探究实践和态度责任。这 4 项核心素养的培养不仅在小学科学课中至关重要，甚至将影响学生未来的中高考答题表现。

第 1 项核心素养：科学观念。科学观念是基础，也是实现其他核心素养的载体。它既包括科学、技术与工程领域的一些具体观念，也包括对科学本质的认识，还包括用科学观念解释自然现象、解决实际问题的意识。新标准的科学观念既包含对科学知识的认识，又包含对科学知识的应用，强调培养学生学以致用的能力，特别是在新情境下运用所学知识解决问题的能力。家长可以用 AI 针对孩子的科学观念进行评估和辅助训练，如实操练习等。提示词如下：

> "我的孩子上小学二年级。小学科学课中需要培养孩子的科学观念，这也是实现其他核心素养的载体。它既包括科学、技术与工程领域的一些具体观念，也包括对科学本质的认识，还包括用科学观念解释自然现象、解决实际问题的意识。新标准的科学观念，既包含对科学知识的认识，又包含对科学知识的应用。强调培养学生学以致用的能力，特别是在新情境下，运用所学知识解决问题的能力。我如何评估孩子是否具备小学二年级科学课要求的科学观念，以及如何在生活中训练孩子的科学观念？请给我创设一些科学场景，并简单规划实操步骤。"

第 2 项核心素养：科学思维。科学思维关注孩子对客观事物的本质属性、内在规律及相互关系的认识方式。它主要包括模型建构、推理论证、创新思维等。新课标第一次明确地把科学思维作为科学核心素养之一，这是一个重大突破。义务教育

阶段的大多数学科都非常重视思维培养，因为这是关键能力的核心。新课标提出，不仅要让学生掌握一般的思维方法，如分析与综合、比较与分类、抽象与概括、归纳与演绎、联想与想象、重组、发散、突破定式等基本的思维方法及其在科学领域的具体应用，还要掌握科学思维方法，即模型理解和模型建构、推理与论证、创新等科学思维方法。

第 3 项核心素养：探究实践。探究实践是指科学探究和工程实践，是关键能力之一。主要在于了解和探索自然、获得科学知识、解决科学问题，以及开展技术与工程实践的过程中形成的科学探究能力、技术与工程实践能力和自主学习能力。其中，自主学习能力是所有学科都应培养的共通能力，它能为学生核心素养的形成提供必要的能力支撑。探究实践也是培养其他核心素养的主要途径，通过探究实践活动可以提高学生的学习兴趣，促进其概念的理解和建构，培养其刻苦坚韧的精神和毅力，提高其多方面的能力。虽然虚拟仿真实验技术发展迅速，但真实情境中的动手探究仍不可替代。可以让孩子尝试使用专门针对科学的实验设备或 App（如 NOBOOK 等）进行探究学习。家长也可以用 AI 寻找一些与科学相关的实验设备和工具。提示词如下：

> "我的孩子上小学二年级，我想陪孩子在家做一个适合二年级小学生的、能够激发孩子科学探索热情的科学实验，从而培养孩子的科学探究实践能力。请帮我创设实验场景，告诉我需要准备哪些家庭中随手可得的实验设备和物料，并给我提供实验步骤。"

第 4 项核心素养：态度责任。态度责任是指在认识科学本质及规律，理解科学、技术、社会、环境之间关系的基础上，逐渐形成的科学态度与社会责任。孩子所有的核心素养最终将影响价值观的形成。因此，正确的价值观是核心素养的灵魂。其实，态度很好评估，不用 AI，家长只要关注孩子做事是否认真仔细，不偷工减料，不草草了事，不凑合就算态度端正。

除课堂教学外，家长可通过订阅《好奇号》《万物》等科普期刊，带孩子参观科技馆、自然博物馆等延伸学习场景，强化态度责任素养的实践培养。

9.2.5　DeepSeek 培养物理、化学、生物三科的核心素养

到了初中，就没有科学课了，而是划分为更细致的物理、化学、生物。这三个学科不仅有独立的知识体系，更是跨学科融合题材的重要来源。例如，以"能源"主题为例，如果将来一个中高考题目的主题是"能源"，则它可能融合物理学中的能量转化概念、化学中的能源物质知识，以及地理学中的能源分布规律，形成一个全面而深入的考查视角。这就是未来中高考的命题趋势之一：跨学科。因此，家长在平时就要多收集这类"主题"，然后可以利用 AI 工具，为孩子探索更多类似"能源"这样的跨学科主题，并进行针对性的训练。

首先，让 DeepSeek 帮我们总结哪些热门"主题"最容易出跨学科融合的题目。提示词如下：

> "中考中出现跨学科综合场景题目越来越多。例如，以能源为主题的题目中，很可能融合物理学中的能量转化概念、化学中的能源物质知识，以及地理学中的能源分布规律，形成一个全面而深入的考查视角。那么，除了能源主题外，还有哪些热门主题，可能跨哪些学科形成综合场景考题呢？"

DeepSeek：

基于近年中考跨学科命题趋势及各地真题分析，以下六大热门主题及其学科融合方向值得重点关注，这些主题既能体现学科知识整合，又符合新课标要求的实践应用导向。

一、生态保护与可持续发展

核心学科：生物＋地理＋化学

典型考法：

生物链能量流动：结合物理能量转化公式（如食物链能量传递效率计算）与地理生物群落分布规律（如甘肃高原夏菜案例，需分析地理气候对作物生长的影响）。

污染物治理：化学沉淀反应（如污水处理）与物理过滤装置设计（如海水淡

化反渗透技术）。

碳中和路径：化学碳循环实验推演（如光合作用速率与光照强度的函数关系）与地理植被固碳能力评估（如"三北"防护林树种选择）。

二、传统文化与科技融合

核心学科：语文＋历史＋物理／数学

典型考法：

传统工艺科学解析：如杆秤制作需结合物理杠杆原理与数学方程计算（如通过杠杆平衡公式确定刻线位置）。

节气文化应用：地理气候规律（如用地球公转轨道判断端午时间）与生物农时规律（如艾草生长条件分析）。

诗词科学解读：如《天净沙·秋思》意象的物理光学原理（如平面镜成像与古诗词意境结合）。

三、现代科技与工程实践

核心学科：物理＋信息技术＋数学

典型考法：

智能设备拆解：如智能手环涉及运动学公式（加速度计算）、生物心率监测原理及数据算法逻辑（如装置解析法案例）。

交通工程优化：地理等高线地形图转化为数学坡度函数（如地理等高线与桥梁选址结合）。

能源装置设计：化学燃料电池效率计算（如海水制氢反应方程式）与物理电路模型（如光伏发电系统电流输出分析）。

四、生活现象与科学原理

核心学科：化学＋物理＋生物

典型考法：

厨房科学实验：如发酵面团膨胀现象（生物酵母菌呼吸作用）与物理气体体积变化（如双孢菇种植与温室效应关联）。

自然现象建模：钱塘江潮汐形成需结合地理河口地形（喇叭口效应）与物理引力公式（如杭州湾地形与潮汐计算）。

医疗健康应用：如pH值调节（化学酸碱中和）与生物酶活性关系（如海水酸碱性检测与药物制备）。

五、社会问题与数据分析

核心学科：数学＋政治＋信息技术

典型考法：

人口迁移分析：历史数据转化为数学折线图（如数据转化法案例）与地理资源分布关联（如甘肃劳动力输出与经济模型）。

经济供需曲线：数学坐标系绘制供需函数（如模型迁移法案例）与社会学消费行为分析。

环境政策评估：化学碳排放数据（如碳中和计算）与政治可持续发展战略结合。

六、历史演变与科学发现

核心学科：历史＋物理/化学＋艺术

典型考法：

古代科技复原：如活字印刷术的物理压力分析与化学油墨成分实验（如杆秤制作类比）。

科学史事件链：结合《天工开物》记载分析古代冶金技术中的化学知识。

文化遗产保护：建筑力学结构（如廊桥榫卯承重）与化学材料防腐技术（如木结构防虫处理）。

第 9 章 紧跟新课标 2：DeepSeek 培养中小学生的核心素养

备考建议：

主题关联训练：针对上述主题，每周完成 1～2 道跨学科真题（如甘肃高原夏菜案例、钱塘江潮汐分析）。

思维工具掌握：学习使用 SWOT 分析法、数据转化图表法。

知识网络构建：通过思维导图整合学科交叉点（如物理能量守恒与化学生物质能转化关联）。

因为 DeepSeek 是联网搜索后总结的，所以它生成的这些话题与时下热点有关。热点变化，主题也可能发生变化。因此，关于热点主题有哪些，大家需要定期生成一下，来跟上热点。现在中高考命题越来越紧跟热点了。

但是，只生成主题还不行，还得让 DeepSeek 继续基于主题，生成跨学科练习题才能真正帮助孩子训练跨学科解题能力。所以，家长可以选取以上生成的主题中，比较热门的主题，让 DeepSeek 继续生成跨学科题目和解答。提示词如下：

"请帮我以传统文化与科技融合为主题，出一道中考跨学科情景题，要求主要涉及数学、语文、物理三科，并给我讲解一下所需知识点和解题步骤。"

DeepSeek 的回复如下：

一、试题设计

材料背景

某文物修复团队运用现代科技修复宋代古桥——虹桥（如图），该桥采用传统榫卯结构。团队使用三维激光扫描测得主拱弦长 AB=30 米，矢高 CD=5 米。为还原《清明上河图》中"虹桥倒影连波绿"的意境，在桥下安装LED灯带，光线入射角 θ 与水面夹角 α 满足反射定律。修复过程中发现一块刻有《考工记》残片的桥板，记载："匠人营桥，圆者中规，方者中矩，立者中悬"。

https://example.com/bridge.png

题目设置

1. **（物理+数学）**
(1) 计算主拱半径 R（精确到0.1米）
(2) 若LED灯带安装高度 h=2米，光线在水面形成完整倒影，求灯带与河岸最小距离 d（已知 $\tan\theta$=3/4）

2. **（语文+物理）**
结合《考工记》记载，分析"立者中悬"涉及的物理原理，并列举《醉翁亭记》中体现相似科学观察的诗句

3. **（数学+工程）**
为加固桥体，需在拱肋处安装三角形支撑架。已知 $\triangle EFG$ 中，EF=5米，FG=12米，$\angle EFG$=90°，求斜撑 EG 长度及 $\angle FEG$ 度数

二、知识点解析

1. 物理+数学交叉考点

- **核心知识**：
  - 圆形拱桥几何计算：运用垂径定理公式 $R = \frac{c^2}{8h} + \frac{h}{2}$，其中 c 为弦长，h 为矢高
  - 光的反射定律：入射角=反射角，结合三角函数解直角三角形
- **解题步骤**：
  (1) 代入 $c=30$m，$h=5$m：
  $R = \frac{30^2}{8 \times 5} + \frac{5}{2} = 22.5 + 2.5 = 25.0$m
  (2) 构建反射模型：
  $d = h \times \cot\theta = 2 \times \frac{4}{3} \approx 2.67$m

2. 语文+物理交叉考点

- **核心原理**：
  - "立者中悬"指垂线法检验垂直度，涉及重力方向原理
  - 《醉翁亭记》"峰回路转，有亭翼然临于泉上"体现参照物概念
- **答题要点**：
  - 物理：重力方向竖直向下，悬垂线检验结构垂直度
  - 语文：选择欧阳修诗句，分析"翼然"的拟物手法与力学美感

3. 数学+工程交叉考点

- **核心方法**：
  - 勾股定理求斜边：$EG = \sqrt{5^2 + 12^2} = 13$m
  - 三角函数求角：$\tan\angle FEG = \frac{12}{5} \Rightarrow \angle FEG \approx 67.4°$
- **工程思维**：
  三角形支撑结构增强稳定性，角度计算确保受力合理

三、命题意图与能力

1. **学科整合能力**：
   - 物理光学与数学三角函数的综合应用（网页4光学原理与网页8垂径定理）
   - 古文训诂与科学原理的互证（网页7传统文化分析）

2. **文化传承意识**：
   - 通过《考工记》残片理解古代工程智慧（网页5文物修复案例）
   - 关联《清明上河图》艺术价值与建筑科学（网页7艺术与科学融合）

3. **工程实践思维**：
   - 将三角函数计算转化为实际施工参数（网页1数学建模思想）
   - 分析支撑结构角度对稳定性的影响（网页5工程实践情境）

四、教学建议

1. **实验辅助**：用激光笔和水盆模拟光的反射，测量入射角与反射角关系
2. **文化溯源**：组织《营造法式》典籍阅读，分析古建筑中的几何美学
3. **项目实践**：用木棒搭建榫卯结构，测试不同三角形的承重能力

该题既考查学科核心知识，又体现传统文化与现代科技的融合，符合新课标"增强文化自信，培养创新思维"的要求（网页5、7）。建议教学时结合三维建模软件展示古桥结构，增强空间想象能力。

9.3 理科生也要学历史

最后,提到跨学科,在本章开始时是否看到了一道历史与数学融合的真题?其实,理科生也要学好历史,这也是有原因的。

首先,历史对人类是一种方向指引。纯理科研究虽能带来技术上的高超造诣,但缺乏历史视野,可能导致未来方向迷失,甚至走向歧途。历史作为人类经验的宝库,能为理科生提供宝贵的经验参考。

现在的很多问题以及未来的发展方向问题,都能从历史上找到相似的参考,以史为鉴。例如,AI 时代的几个突出问题,都可参照欧美国家工业时代发展史找到答案,看清本质。本书开始就以史为鉴,给大家分析了孩子到底该不该使用 AI 工具以及如何正确使用。在本书的结尾,重申一遍本书的观点:现在很多知识是可以轻易获取的,应该减少孩子机械学习知识的时间,更多地让孩子学习如何解决问题的方法。

至于 AI 工具,我认为只要家长们看完本书的讲解,有了基本的辨别能力,并相信每个孩子内心其实都有愿意变好的主观意愿,那么,凡是能助力孩子高效率学习、提升学习质量的工具都是好工具。

我给各位家长和孩子们留个小作业。你们可以结合历史上的经验,和 AI 探讨一下。例如,结合当年英国工业革命,谈谈 AI 时代,人类目前面临的要解决的最大挑战是什么?